## INHALTSVERZEICHNIS.


| | Page |
|---|---|
| EINLEITUNG | 219 |
| MATERIAL | 220 |
| METHODEN | 220 |
| Das Gehirn von Leucicorus lusciosus | 221 |
| *Das Vorderhirn* | 223 |
| *Das Zwischenhirn* | 225 |
| *Das Mittelhirn* | 229 |
| *Das Hinterhirn* | 231 |
| *Das Nachhirn* | 233 |
| Das Gehirn von Mixonus caudalis | 235 |
| *Das Vorderhirn* | 235 |
| *Das Zwischenhirn* | 237 |
| *Der Pinealapparat* | 237 |
| *Das Mittelhirn* | 242 |
| *Das Hinterhirn* | 244 |
| *Das Nachhirn* | 244 |
| Das Gehirn von Bassozetus nasus | 245 |
| *Das Vorderhirn* | 245 |
| *Das Zwischenhirn* | 246 |
| *Der Pinealapparat* | 246 |
| *Das Mittelhirn* | 249 |
| *Das Hinterhirn* | 249 |
| *Das Nachhirn* | 250 |
| Zusammenfassung | 250 |
| LITERATURVERZEICHNIS | 253 |
| TAFELERKLÄRUNG | 255 |

# EIN BEITRAG ZUR MORPHOLOGIE DES TIEFSEEFISCHGEHIRNES.

## EINLEITUNG.

Nachdem die in Bd. 30 Nr. 2 dieser Memoirs veröffentlichte Beschreibung der Leuchtorgane der gelegentlich der Expedition des "Albatross" in 1891 unter *A. Agassiz* erbeuteten Tiefseefische vollendet war, übergab mir mein verehrter Chef, für den ich die Vorarbeiten zu jener Beschreibung durchgeführt hatte, mit Zustimmung des Herrn Professor *A. Agassiz*, diese Fische, und versetzte mich so in die Lage, ihr Gehirn und ihre Sinnesorgane, an denen mir bei jenen Vorarbeiten einige interessante Besonderheiten aufgefallen waren, zu studieren.

Ueber das Ergebnis der die Hautsinnesorgane von *Malthopsis spinulosa* betreffenden Untersuchungen habe ich bereits berichtet,[1] über Auge und Gehör werden im folgenden einige Angaben gemacht.

Besondere Aufmerksamkeit verdiente das Gehirn der Tiefseefische, von denen mir *Leucicorus lusciosus*, *Mixonus caudalis*, und *Bassozetus nasus* zur Verfügung standen, da bisher erst zwei Tiefseefischgehirne einer genaueren Untersuchung unterzogen worden sind. Die eine stammt von *Handrick* und betrifft *Argyropelecus hemigymnus* (1901), die andere von *Gierse*, *Cyclothone acclinidens* behandelnd (1904). Beide ausgezeichnete Arbeiten haben viel Neues und Interessantes zutage gefördert. An diese zwei Gehirne reihen sich nunmehr die von mir untersuchten drei an, wodurch an sich eine bedeutende Bereicherung des einschlägigen Materials eingetreten ist, was aber relativ freilich noch nicht allzuviel, namentlich im Hinblicke auf die Frage, ob, und wenn ja, in welcher Weise das Gehirn der Tiefseefische in seinem Baue von dem der Seichtwasserfische abweicht, besagen kann.

[1] Sitzungsber. d. D. nat. med. Ver. "Lotos" i. B., Bd. XXIV, S. 99–105, m. 3 Fig. i. T., 1904. "The structure of the bud-like organs of Malthopsis spinulosa." Mem. Mus. Comp. Zoöl. Harvard College, Vol. XXX, p. 209–214, 1905.

Für die Ueberlassung dieses mir hochwillkommenen und wertvollen Materiales muss ich an dieser Stelle Herrn Professor *A. Agassiz*, und meinem hochverehrten Chef, Herrn Professor Dr. *R. von Lendenfeld*, Vorstand des Zoologischen Institutes, meinen ergebensten Dank aussprechen. Durch die zahlreichen Winke und Ratschläge, durch die Unterstützung, die er mir weiterhin während meiner Arbeit in liebenswürdigster Weise zuteil werden liess, wurde ich zu ganz besonderem Danke verpflichtet, dem hier Ausdruck zu geben mir mehr als Pflicht ist. Meinem Kollegen Dr. *Ludwig Freund*, Assistenten am hiesigen Tierärztlichen Institute, danke ich für das der Arbeit entgegengebrachte Interesse.

## MATERIAL.

Die obengenannten Fische entstammen der durch die Tiefsee-Expedition des "Albatross" im Jahre 1891 zusammengebrachten Sammlung, und sind von *Garman* (1899) in den Ergebnissen jener Forschungsreise näher beschrieben. Sie waren in Alkohol konserviert, der ihre Gehirne noch keineswegs derart beeinflusst hatte, dass eine richtige Untersuchung derselben unmöglich gewesen wäre. Freilich wären die Ergebnisse bei einer anderen Art der Konservierung und einer kürzeren Zeit bis zur Bearbeitung reichere gewesen.

## METHODEN.

Der kleinste von den drei Fischen, *Bassozetus*, wurde entkalkt. Obgleich ich mich hiebei bloss einer 1% Salpetersäure bediente, dauerte der Prozess nicht lange, da das Skelett dieses ausgesprochenen Tiefseefisches vorwiegend aus Knorpeln besteht. Die beiden grösseren Exemplare, *Leucicorus* und *Mixonus*, wurden derart behandelt, dass nach dem Oeffnen der Cranialhöhle und eines Teils des Rückenmarkkanals das Gehirn aus der Schädelhöhle herausgehoben wurde, was mit einiger Gefahr betreffs der Erhaltung des Pinealapparates und der Hypophyse geschah. Der erste war bei dieser Art der Behandlung zum Teil verloren, die letzte keineswegs. Alle Gehirne wurden in Celloidin eingebettet und in Querschnittserien zerlegt. Die Dicke der Schnitte betrug 20 oder 40 $\mu$. Gefärbt wurde entweder Schnitt für Schnitt oder in toto mit Delafieldschen Hæmatoxylin. Zur Anfertigung der Bilder für die Totalansichten der Gehirne dienten Photographien der herauspräparierten Gehirne, Zeichnungen, und Plattenmodelle.

## Das Gehirn von Leucicorus lusciosus.

**Taf. 1, Fig. 1–8, Taf. 2, Fig. 9–13.**

Folgende Bemerkung *Garmans* war es (1899, S. 140), die mich auf diesen Fisch aufmerksam machte: "Eye rudimentary, apparently without pupil or iris and with the ball greatly reduced and covered with black pigment. The eye differs greatly in appearance from that of other species of Brotuloids and suggests a possible adaptation to sensation from phosphorescence, or perhaps a modification fitted for the production of phosphorescent light."

Es war mir nun daran gelegen, festzustellen, welche von diesen beiden Vermutungen hier zutreffend ist, anderenteils interessierte es mich, inwieweit die Reduktion der Augen den Bau des Gehirnes beeinflusst hat. Das Ergebnis meiner Untersuchungen war die Bestätigung der ersten und die Widerlegung der zweiten Vermutung.

Offenbar verleitete das Fehlen der Iris und der Pupille, eine Tatsache aber, die seit *Brauers* wertvollen Untersuchungen "Ueber den Bau der Augen einiger Tiefseefische" (1902) gar nicht absonderlich erscheint, *Garman* zu der Annahme, die Augen von *Leucicorus lusciosus* könnten Leuchtorgane sein. Auf Grund meiner mikroskopischen Untersuchungen kann ich erklären, dass diese von *Garman* angezweifelten Augen tatsächlich der Lichtperzeption dienen. Der Umstand, dass es sich um einen ausgesprochenen Tiefseefisch handelt — er wurde aus einer Tiefe von 3436 m hervorgeholt — sowie das Fehlen der Iris mit der Pupille riefen in mir den Gedanken wach, ob nicht in den vorliegenden Gebilden sogenannte Teleskopaugen zu suchen wären. Diese Annahme erschien aber alsbald widerlegt sowohl durch die Gestalt — sie sind ellipsoide, und nicht cylindrische Gebilde — als auch durch die Lage der Augenöffnung — sie ist ausgesprochen lateral und nicht rostral wie bei den Teleskopaugen. Nur die stark vorgetriebene Cornea, die mich einen weiteren Schluss bezüglich der Gestaltung der Linse ziehen lässt, würde für ein Teleskopauge sprechen. Wenn auch *Garman* keine Erwähnung von einer Linse tut, so zweifle ich ihr Vorhandensein nicht an, da ich auch das Ligamentum pectinatum vorgefunden habe. Sie dürfte sehr gross und kugelig sein und hat, wie es bei solcher Gestaltung Regel ist, mit ihrer Vorderseite die Cornea stark vorgetrieben, mit der Hinterseite die Entstehung der Iris unterdrückt.

Im übrigen sind jedoch die Bestandteile eines Auges auch hier vorhanden und in mikroskopischen Präparaten unschwer zu erkennen. Die Sklera als äusserste Wand verknorpelt an keiner Stelle wie es sonst bei Fischen der Fall zu sein pflegt. Der Chorioidea fehlt die Silberschicht. Gefäss- und Pigmentschicht sind vorhanden, die letzte sogar in sehr dicker Lage. Das Pigment befindet sich in Dunkelstellung, nachdem der Fisch wohl kaum je aus dem Dunkel der Tiefsee herauskommen dürfte. An der Retina fällt die übermässige Länge der Stäbchen auf, die übrigens von *Brauer* (1902, S. 44) auch nicht unberücksichtigt gelassen wurde; Zapfen fehlen. Nicht festzustellen war, ob neben der Hauptretina auch eine Nebenretina vorhanden ist.

*Wenn ich also meine Betrachtungen über das Auge von Leucicorus lusciosus zusammenfasse, so führen sie zu dem Resultate, dass jener Fisch im Besitze wirklicher Augen, die mit Leuchtorganen nicht das geringste gemeinsam haben, ist. Diese Augen verraten eine Anpassung an die Tiefsee, die sich auf die Cornea, Linse und Iris erstreckt und die von Brauer (1902, S. 44) für das Sehen in den Tiefen des Ozeans bei der dürftigen Beleuchtung als äusserst zweckmässig gefunden wurde.*

Ob aber das Sehvermögen dieses Fisches speciell ein gutes ist, das ist eine andere Frage, die ich eher auf Grund der Untersuchung der nervösen optischen Leitungsbahnen und Zentren, als der Sehwerkzeuge beantworten möchte. Ueberraschend schwach sind die beiden die Augen versehenden Nervi optici in Anbetracht der Sehorgane, noch überraschender aber für jeden, der den Typus eines Fischgehirnes kennt, die Kleinheit der Sehherde, der Lobi optici, welch letzter Umstand dem Gehirn von *Leucicorus* ein ganz eigentümliches Gepräge verleiht.

In dem Masse, in dem sich der Gesichtssinn rückgebildet hat, scheinen sich Geruch- und Gehörsinn höher entwickelt zu haben, was namentlich in der Dicke der Nervi olfactorii und der entsprechenden Bulbi, in den mächtigen Ursprungsgebieten der Nervi accustici im Bereiche der Medulla oblongata, und der zu ihren Seiten gelegenen, grossen Sacculi zum Ausdrucke kommt.

Die Sacculi bergen Gehörsteine (Taf. 1, Fig. 8), deren Grösse mich nicht wenig überraschte. Diese Otholiten haben Bohnenform, 11 mm Länge, 7 mm Breite und 2 mm Dicke, also für einen Fisch von kaum 3 dm Länge ganz bedeutende Dimensionen. Ihr Rand ist ziemlich scharf, die Aussenseite ist glatt und die Innenseite zeigt eine konzentrische Riefung. Der grosse Gehörstein steckt locker im Sacculus und schwebt natürlich zu Lebzeiten des Fisches in der dicken Flüssigkeit des Sackraumes. Es ist eine bekannte Tatsache, dass die Sacculusotholiten der Knochenfische gross sind. In dem umfassenden Werke "Das Gehörorgan der Fische" von *Retzius* (1881) finden sich genug derlei Beispiele vor, doch in Gestalt und relativer Grösse kommt kein anderer diesem gleich.

Die mächtigen Sacculi weisen auf ein hochentwickeltes Gehörorgan hin, das bezüglich der Austrittstellen einiger Nerven eine Erscheinung hervorruft, auf die bereits *Sagemehl* (1891, S. 559) mit folgenden Worten aufmerksam macht: "Die mächtige Ausbildung des Labyrinthes bei Knochenfischen ist die Ursache gewesen, dass die vor demselben liegenden Trigeminus und Facialis näher an einander gerückt sind und teilweise Verbindungen mit einander eingegangen sind." *Handrick* (1901, S. 6) hatte die Gelegenheit, diese Erscheinung an dem Tiefseefisch *Argyropelecus* zu bestätigen und konnte überdies noch feststellen, dass sich zu den verschmolzenen Wurzeln des V. und VII. Nerven auch die des VIII. zu einem breiten Band zusammendrängen; auch der Ursprung des IX. und X. ist vereinigt. Ich fand alle diese Verhältnisse an *Leucicorus* ebenso vor.

## DAS VORDERHIRN.

(Telencephalon, Prosencephalon, Hemisphaeren, sekundäres Vorderhirn) (Taf. 1, Fig. 1, 2, 3 VH).

Schon die vielen Namen dieses Gehirnteiles verraten, dass er oft Gegenstand eingehender Untersuchungen gewesen sein muss. Und in der Tat, es hat lange Zeit gedauert, bevor die Forscher darüber ins Klare gekommen sind. Das, was die älteren Autoren wie *Camper*, *Cuvier*, *Treviranus*, und *Fritsch* dabei irregeführt hat, war der Umstand, dass dem Fischgehirne die gewöhnlich stark verdickte Grosshirnrinde abgeht. So suchten denn alle den vermissten Teil weiter hinten, wodurch keine geringe Konfusion hervorgerufen wurde. Indessen gelang es *Rabl-Rückhard* (1884, S. 21), das Homologon der Grosshirnrinde zu finden. Es ist das bei Fischen zeitlebens auf embryonalem Stadium verbleibende Pallium. *Gottsche* (1835, S. 244) kannte zwar diese einfache Epithelschichte, ohne sie aber der Grosshirnrinde gleichzusetzen. Andere Autoren übersahen sie, weil sie sie beim Abtragen der Cranialhöhle vielleicht zerstörten, was ja häufig bei dieser Art von Behandlung zu geschehen pflegt, wenn nicht genug Vorsicht angewendet wird. Mit dieser Entdeckung *Rabl-Rückhards*, die alsbald auch allgemein als richtig erkannt wurde, war der Bau des Knochenfischgehirnes analog dem der anderen Vertebraten aufgeklärt und es ist seither nicht schwer, an einem jeden Teleostier-Vorderhirn, so auch am vorliegenden, die einzelnen Teile zu unterscheiden. Um den als *Ventriculus communis* bekannten Hohlraum (Taf. 1, Fig. 4 Vc) gruppieren sie sich in folgender Art: Den Boden und die Seitenwände bilden die *Corpora striata* (Taf. 1, Fig. 4, 5 Cs). Diese von *Haller* (1898a, S. 617) als Basalganglien bezeichneten Gebilde nehmen hinten aus dem Thalamus des Zwischenhirns ihren Ursprung, nachdem dieser sich selbst stark verjüngt hat. Sie sind dort unscheinbar und durch einen dünnen Boden miteinander verbunden. Rostralwärts aber verbreitert sich der letzte, und dorsal lagern sich den basalen schwächeren Teilen mächtige Hirnmassen an, nicht hoch, aber *derart breit, dass sie über die basalen herüberhängen* (Taf. 1, Fig. 5 Cs); das sind die eigentlichen Streifenhügel. Sie sind von einander durch einen schmalen Spalt, die Fortsetzung des Ventriculus communis nach vorne getrennt, bis ungefähr in der Mitte eine Verbindung durch die *Commissura anterior* oder *interlobularis* (Taf. 1, Fig. 5 Ca) hergestellt wird. Ein Chiasma zweier Blutgefässe (Taf. 1, Fig. 5 ch) ist ebenda auch wahrzunehmen. Vor dieser Commissur sind die Streifenhügel dorsal total miteinander verschmolzen, die basalen Teile haben hier ihr vorderes Ende. Die Verschmelzung muss dennoch ganz vorne einer Pialamelle und einem schmalen Spalt, der zur vollständigen Trennung der Streifenhügel bei allmählicher Abnahme an Hirnmasse führt, Platz machen; sie gehen in die

*Tracti olfactorii* (Taf. 1, Fig. 1, 2, 3 Trol) über. Die Länge der letzten ist unbedeutend, immerhin genügt sie aber, um eine markante Grenze zwischen den *Corpora striata* und den *Bulbi olfactori* anzuzeigen. Die Tracti hängen jedoch miteinander *nicht* zusammen, sondern *divergieren*. Dies hat zur Folge, dass die Bulbi (Taf. 1, Fig. 1, 2, 3 Bol) von einander getrennt sind, was in so hohem Masse noch an keinem Teleostier wahrgenommen wurde.

Von obenher ist der Ventriculus communis durch das bereits erwähnte *epitheliale Dach* (Taf. 1, Fig. 4 Pa), das seitlich in die Streifenhügel übergeht, gedeckt; rostral aber mündet er frei in die Cranialhöhle aus.

“Es finden sich,” schreibt *Rabl-Rückhard* (1883, S. 308) “mit Bezug auf das Verhalten dieser Hirnteile zwei verschiedene Typen des Knochenfischgehirns: solche mit lang ausgezogenen getrennten Tractus und von einander abstehenden Bulbi, sowie kurzen Nervi olfactorii (Cyprinoidentypus), und solche mit sitzenden verwachsenen Tractus und einander genäherten Bulbi, bei langen Nervi olfactorii (Salmonidentypus). In ersterem Falle stellt jeder Tractus eine geschlossene Röhre dar, die vorn mit einem Hohlraum des Bulbus, hinten mit der Spitze des Ventriculus communis in Verbindung steht und deren dorsale Wand vorwiegend epithelial, die ventrale markig ist. Im zweiten Falle sitzen die Bulbi dem vorderen Teile des Grosshirns unmittelbar auf; die Tractus sind äusserst kurz und bilden den Boden einer gemeinsamen Höhle, die eine unmittelbare Fortsetzung des Ventriculus communis nach vorne ist, und die ihrerseits in zwei seichte Divertikel übergeht, einen für jeden Bulbus. Letztere verbinden sich medial, ohne indess miteinander zu verschmelzen, indem eine senkrechte Pialamelle sich zwischen sie schiebt."

*Demzufolge ist es unschwer, das Vorderhirn von Leucicorus als ein nach dem Salmonidentypus gebautes zu erkennen, das nur insofern eine Abweichung erleidet, als die Tracti olfactorii von einander getrennt, und die Bulbi einander nicht so nahe sind, wie wir es sonst zu finden gewohnt sind.*

## DAS ZWISCHENHIRN.

(Diencephalon, Thalamencephalon, Thalamus, Lobus opticus, primäres Vorderhirn) (Taf. 1, Fig. 1, 3 ZH).

Die Grenze zwischen Vorder- und Zwischenhirn ist zwar makroskopisch nicht sichtbar, wohl aber an mikroskopischen Präparaten durch das Auftreten eines *Plexus chorioideus* (Taf. 1, Fig. 4, 6 Plch) gut gekennzeichnet. Dieser letzte scheint, was seine Ausbildung betrifft, bei Fischen den mannigfachsten Variationen zu unterliegen. So wurde seine Existenz bei Teleostiern überhaupt geläugnet. Und wieder war es *Rabl-Rückhard* (1883, S. 291) vorbehalten, sein tatsächliches Vorhandensein sicherzustellen, obzwar er anfangs mit zu denen gehörte, die es verneinten. Nach Darstellungen dieses Autors geniesst er aber weder beim Karpfen, noch beim Barsche eine besondere Ausbildung, und ist daher unvollkommen zu nennen. Wenn andere Forscher, die sich mit Fischgehirnen beschäftigten, ihn stillschweigend übergehen, kann man daraus folgern, dass sein Vorkommen eben nicht allgemein ist.

Ich selbst muss gestehen an den mir zugebote stehenden Tiefseefischen Plexus chorioidei von verschiedener Grösse bis zur verschwindenden Unscheinbarkeit gefunden zu haben. Von allen aber musste der von *Leucicorus lusciosus* durch seine Dimensionen auffallen. Das einschichtige epitheliale Dach wird durch Blutgefässe in so zahlreichen Falten in das Innere des Ventriculus tertius (Taf. 1, Fig. 4 Plch) und zum Teil bis in den Ventriculus communis (Taf. 1, Fig. 6 Plch) derart eingetrieben, dass es denselben nahezu *ausfüllt* wie etwa bei Dipnoern und Amphibien.

Unmittelbar hinter dem Plexus beginnen die *Ganglia habenulae* (Taf. 1, Fig. 7 Gh). Auch diese Gebilde lassen in ihrer Entwickelung nichts zu wünschen übrig, obgleich sie von aussen nicht sichtbar sind. Sie liegen am Zwischenhirn dorso-lateral und sind vollkommen symmetrisch. Bezüglich des letzten Punktes schreibt *Haller* (1898a, S. 574) über die Haubenganglien bei Fischen folgendermassen: "Nach Goronowitsch (1834, S. 436) soll auch bei Acipenser" (wie nämlich bei den Selachiern) "eine Assymmetrie der Haubenganglien sich vorfinden und das rechte Ganglion mächtiger entwickelt sein wie das linke. So weit meine Erfahrungen reichen, kommt eine solche Assymmetrie bei Knochenfischen nicht vor, sondern es verhalten sich diese Ganglien durchaus symmetrisch wie bei den Salmoniden." Wenn auch diese Ansicht *Hallers* hier zutrifft, muss ich doch hinzufügen, dass sie keine allgemeine Giltigkeit hat. Schon *Handrick* (1901, S. 7) hat auf die Assymmetrie der Ganglia habenulae bei *Argyropelecus hemigymnus* aufmerksam gemacht. Eine weitere interessante Beobachtung diesbezüglich machte *Gierse* (1904, S. 618–619) an *Cyclothone acclinidens*. Seine Befunde an den ihm zur Verfügung gestellten 10 Fischchen drückt er in folgenden Worten aus: "Bei zwei Exemplaren war das linke Ganglion habenulae stärker entwickelt als das rechte, bei weiteren zwei Tieren waren beide Ganglien einander ungefähr gleich, während die anderen sechs deutliche Assymmetrie zeigten, indem das rechte Ganglion sich stärker entwickelt erwies als das linke. Es kommen bei Cyclothone alle drei Möglichkeiten vor, doch überwiegt die Assymmetrie und zwar mit stärkeren Ganglion dextrum habenulae."

*Diese Mannigfaltigkeit dürfte meiner Ansicht nach auf versehiedene Altersstufen jener zehn Exemplare zurückzuführen sein*, denn *Haller* (1898a, S. 574) fand, dass sich die Symmetrie der Haubenganglien bei Salmo erst mit zunehmendem Alter einstellt. Nach dieser Erklärung können von jenen zehn Exemplaren acht jünger und zwei älter gewesen sein.

Dass die Assymmetrie dieser Gebilde namentlich dem Embryonalstadium angehört, darüber schreibt bereits *Goronowitsch* (1888, S. 442): "Es ist aber von Interesse zu notieren, dass ich bei Salmonidenembryonen die Anlage des rechten Ganglions in einem gewissen Stadium immer grösser fand als die Anlage des linken. Es hat sich also im embryonalen Zustande des Gehirns der Knochenfische dieser primitive Charakter erhalten." Bei niederen Fischen ist die Assymmetrie konstant, wie *Ahlborn* (1883, S. 227) an *Petromyzon*, *Goronowitsch* (1888, S. 436) bei *Acipenser* und *Amia* (S. 442),

*Eddinger* (1900, S. 140) bei anderen niederen Vertebraten nachgewiesen haben. Auch ich werde im Verlaufe meiner Arbeit Gelegenheit haben, einen neuen Tiefseefisch mit assymmetrischen Ganglien habenulae zu nennen.

Auf der Kommissur, welche das Ganglion der rechten Seite mit dem der linken verbindet, sowie weiter vorne über dem Pallium, sah ich den Stiel des *Pinealorganes* (Taf. **1**, Fig. 6, 7 Est) verlaufen. Er ist ein solider Strang. *Ein Parapinealorgan ist bei Leucicorus lusciosus nicht vorhanden.*

Soviel über die Teile des sogenannten *Epithalamus.*

Hinten lateral gehen die Ganglia habenulae in den Stammteil des Zwischenhirns, den *Thalamus* (Taf. **1**, Fig, 6, 7, T), über. Dieser ist sehr voluminös und lässt nur einen ganz schmalen Spalt für den *Ventriculus tertius* (Taf. **1**, Fig. 6, 7, 8, V III) frei. Eine scharfe Abgrenzung dieses Teiles nach vorn oder hinten ist unmöglich; darüber lesen wir auch bei *Haller* (1898a, S. 591): "Rostralwärts geht letzterer," er meint den Thalamus, "ganz kontinuierlich und ganz ohne jede Begrenzung in jenen Teil des Vorderhirns über, der für gewöhnlich als Pedunculus cerebri bezeichnet wird." Und über das hintere Ende schreibt *Edinger* (1896, S. 8): "Es gehen hier Zwischen- und Mittelhirn unmittelbar in einander über."

Zum Thalamus pflegen auch die *Lobi laterales* (Taf. **1**, Fig. 3, Taf. **2**, 9, 10 Ll) gezählt zu werden; das sind Wülste, die zu beiden Seiten desselben longitudinal verlaufen. Sie werden bei Fischen mitunter sehr gross. *Handrick* (1901, S. 8) bringt dies mit dem Sehvermögen des Fisches in Zusammenhang und meint, "dass der Lobus lateralis ein Gebilde sui generis ist, ein Produkt der im Thalamus befindlichen Sehzentren, infolge der excessiven Ausbildung der Augen." Einer anderen Ansicht ist *Haller* (1898a, S. 598). Er betrachtet den Lobus lateralis als einen dorsalen, differenzierten Teil des Lobus inferior. Beide Hypothesen werden von *Gierse* (1904, S. 626, 627) angefochten. Dieser Autor fand an *Cyclothone,* wie *Handrick* an *Argyropelecus,* dass die Lobi laterales an Masse die Lobi inferiores überragen, und er schreibt daher: "Gegen die Ansicht Hallers spricht das ungleiche Grössenverhältnis der beiden Lappen, so dass man bei meinem Knochenfische eher daran denken könnte, der Lobus inferior wäre eine Differenzierung, ein ventraler Teil des Lobus lateralis als umgekehrt. Desgleichen kann dieser seitliche Lappen kein Produkt der Volumzunahme der im Thalamus befindlichen Sehzentren sein, denn Cyclothone hat verhältnismässig kleine Augen und schwache Nervi optici."

*Leucicorus lusciosus liefert hierin nun insofern ein interessantes Verhalten, als er von jedem Charakter etwas in sich vereinigt. Einesteils sind die Lobi laterales kleiner als die Lobi inferiores* (*Salmo*), *anderenteils die Augen gross* (*Argyropelecus*), *die Nervi optici schwach* (*Cyclothone*). Allerdings ist eine solche Zusammenstellung nicht darnach angetan, uns über die ursächlichen Beziehungen der beiden Lappen näher aufzuklären. Vielleicht wird die entwicklungsgeschichtliche Forschung einst mehr Aufschluss geben können.

Der basale Teil des Zwischenhirns, der *Hypothalamus*, besteht aus der *Pars infundibularis* mit der *Hypophyse*, den *Lobi inferiores* und dem *Saccus vasculosus*.

Das *Infundibulum* von *Leucicorus* (Taf. **1**, Fig. 4, 6, 7J) ist gross. Eine starke Hirnmasse umgibt die Infundibularhöhle, die eine Fortsetzung des Ventriculus tertius nach unten ist (Taf. **1**, Figs. 4, 6, Jh). Sie hat zahlreiche Seitendivertikel, von denen die wichtigsten und längsten die hinten in den Lobi inferiores sind. Nach vorne werden die Ausstülpungen zahlreicher, aber auch kleiner, bis sie sich ganz verlieren (Taf. **1**, Fig. 4 Jh). Hier hat die Infundibularhöhle die Form einer niedrigen, horizontalen Spalte mit glatten Innenwänden, die sie umgebende Hirnmasse nimmt Trichterform an. Das ist auch die Regel, denn hiemit beginnt der

*Stiel* des *Hypophysenorganes* (Taf. **1**, Fig. 2, 3, Hst). Er ist bei verschiedenen Fischen verschieden lang, zum Beispiel bei *Cyprinus* unscheinbar, bei *Gadus* wohl merklich. Davon hängt auch die Festigkeit des Zusammenhanges zwischen Hypophyse und Gehirn ab, auf die schon *Gottsche* (1835, S. 435) aufmerksam macht; je länger der Hypophysenstiel, um so leichter reisst die Hypophyse bei Herausnahme des Gehirnes aus der Cranialhöhle ab. *Bei Leucicorus ist er mässig lang, solid und trägt an seinem Ende eine ansehnliche Hypophyse* (Taf. **1**, Fig. 3 H).

*Die Lobi inferiores* (Taf. **1**, Figs. 2, 3; Taf. **2**, Fig. 9, 10 Li) *übertreffen die Lobi laterales so an Grösse, dass diese in der Ansicht von unten gänzlich verdeckt werden.* Ich konnte in ihrem Inneren Hohlräume konstatieren. Diese sind nichts anderes als seitliche Ausstülpungen des Ventriculus tertius. Als solche erkannte sie auch *Edinger* (1904, S. 151), denn er schreibt: "Zwischen den Ganglien des Lobus inferior ragt der von zentralem Höhlengrau ausgekleidete Ventrikel des Zwischenhirns hinein, mit lateralen Ausstülpungen noch einmal Seitenventrikel des Hypothalamus bildend." Wer nun die mannigfach gefaltete Innenwand der Infundibularhöhle kennt, wird leicht begreifen, warum jene Ventrikel in ihrer Grösse variieren, bisweilen auch ganz und gar fehlen. Sie gehören eben nicht zu den notwendigen

Bestandteilen des Knochenfischgehirnes. Wenngleich *Cuvier* (1828, S. 427) von ihrem seltenen Auftreten spricht, fand sie *Gottsche* (1835, S. 290) an allen von ihm untersuchten Fischen vor. *Handrick* (1901, S. 8) stellte sie an *Argyropelecus* fest, bei *Cyclothone* sind sie nach *Gierse* (1904, S. 630) überhaupt nicht vorhanden. Diese Hohlräume kommunizieren bei *Leucicorus* wie bei *Argyropelecus hemigymnus, Esox lucius, Trigla gurnardus* und anderen Teleostiern mit der Infundibularhöhle, *nicht* aber durch diese mit der Hypophyse wie bei jenen Knochenfischen.

Unter allen Teilen des Hypothalamus ist der *Saccus vasculosus* (Taf. **1**, Fig. 1–4, 6; Taf. **2**, Fig. 9 Sac) der grösste. Er ist der basale Teil des Infundibulums, aufs reichlichste mit Blutgefässen versorgt und in seinem mittleren Teile so breit wie der Thalamus. Die äusserst mannigfach verzweigten Hohlräume in seinem Inneren hängen mit der Infundibularhöhle und somit auch mit dem Ventriculus tertius zusammen.

## DAS MITTELHIRN.

(Mesencephalon, Corpora bigemina) besteht aus den *Pedunculi cerebri*, den *Lobi optici* und den *Tori semicirculares*.

Die *Pedunculi cerebri* beginnen im Vorderhirn, unmittelbar hinter der Commissura interlobularis, durchziehen unter steter Volumzunahme den Thalamus des Zwischenhirns und stellen bei Leucicorus die Hauptmasse des Mittelhirns vor.

Die *Lobi optici* — sie werden auch Tectum mesencephali genannt — sind es eben, die jedem Fischgehirn das charakteristische Aussehen verleihen. So schreibt *Edinger* (1892, S. 21) über sie folgendermassen: ". . . wer die kleinen Vierhügel des Menschen kennt, wird erstaunt sein, wenn er die ungeheueren Lobi optici eines Fisches oder Vogels sieht." Und so ist es auch. *Nicht wenig war ich daher überrascht, im vorliegenden Fische ein Gehirn vorgefunden zu haben, dessen Lobi optici makroskopisch überhaupt nicht zu erkennen sind.* Erst das mikroskopische Präparat zeigt ihr Vorhandensein an und zugleich ihre *ausserordentliche Reduktion* (Taf. **2**, Fig. 9, 10 Lop.). Wenn schon *Gierse* über das Tectum opticum von *Cyclothone acclinidens* (1904, S. 630, 631) schreibt: "Im Vergleich zu der starken Ausbildung des Tectum opticum bei anderen Knochenfischen, z. B. Rhodeus amarus (*Edinger*, 1900, S. 126, Fig. 183), Salmo fario (*Haller*, B. 1898, Bd. XXVI, Taf. XIII, XIV), Cyprinus carpio (*Mayser*, 1882, Taf. XIX, Fig. 35, Taf. XXI, Fig. 48, 49) ist das Tectum mesencephali bei Cyclothone bedeutend schwächer entfaltet und ragt vor allem nicht so weit nach unten, dass es noch seitlich beiderseits die Mittelhirnbasis umgreift und darüber herabhängt," so muss ich dasselbe Verhalten bei *Leucicorus lusciosus* in einem um vieles erhöhtem Masse in Anspruch nehmen, wovon auch die Darstellung der diesbezüglichen Querschnitte (Taf. **1**, Fig. 8, 9, 10) am besten Zeugnis ablegt. *Gottsche* (1835, S. 262) äusserte die Meinung, dass die Grösse der Augen mit der der Lobi optici in geradem Verhältnisse steht. Gegen diese Ansicht wandte sich *Malme* (1891, S. 10) und behauptete, dass *Gottsche's* Regel durchaus keine allgemeine Giltigkeit habe. So weist er auf *Ammodytes tobianus* (Taf. III, Fig. 44a) mit kleinen Augen und grossen Lobi optici, und umgekehrt auf *Sebastes viviparus* (Taf. **1**, Fig. 11) mit grossen Augen und kleinen Lobi hin. *Gierse* (1904, S. 630) stimmt *Malme* bei, denn seine Befunde an *Cyclothone* sprechen ebenfalls gegen *Gottsche.* Es ist klar, dass auch ich auf die Seite der zwei letzten Autoren treten muss, nachdem Leucicorus so unansehnliche Loben bei grossen Augen zeigt.

*Die Unvollkommenheit des Dachabschnittes gibt sich auch nach einer anderen Richtung hin kund. Im hinteren Teile* (Taf. **2**, Fig. 12, Lop) *ist seine mittlere Partie nämlich auf eine ganz niedrige Hirnmasse reduziert, die endlich auch verschwindet und einer einfachen Membran Platz macht.* Dies ist offenbar auf das Hinterhirn zurückzuführen, das sich mit seinem Stammteil (Taf. **2**, Fig. 12 Ctr) nach vorne umlegt. Eine derartige Erscheinung ist bereits von *Klaatsch* (1850, S. 25) an *Cyprinoiden* vorgefunden worden. Jener Autor führt sie dort auf die übermässige Ausbildung der Valvula cerebelli zurück. Auch *Malme* (1891, S. 10, 11) macht eine Erwähnung von der Unvollständigkeit des Tectum opticum "bei Fischen, deren Cerebellum nach vorne gerichtet und an das Mittelhirn gedrückt ist." *Von einer äusseren Längsfurche zwischen dem rechten und linken Lobus opticus ist bei Leucicorus keine Spur vorhanden.*

Der *Torus longitudinalis* (Taf. **2**, Fig. 10 Tol), der median innerhalb des intralobulären Hohlraumes verläuft, besteht wie in der Regel aus zwei symmetrischen eng aneinander liegenden Wülsten, die förmlich eingekeilt zwischen den beiden Lobi optici liegen. *Haller* (1898a, S. 503) fand ihn bei Salmoniden stark erhaben und weit in den intralobulären Hohlraum hineinragend, bemerkt aber zugleich, dass dieses Verhalten nur bei sehr alten Tieren vorkommt. Bei *Argyropelecus* ist der Torus longitudinalis nach *Handrick* (1901, S. 9, Taf. **1**, Fig. 4–6 Tlo) ein einfacher Wulst, bei *Cyclothone* fehlt er nach *Gierse* (1904, S. 631) überhaupt.

Vom Boden und den Seitenwänden des intralobulären Hohlraumes erheben sich hinten die *Tori semicirculares* (Taf. **2**, Fig. 12 Tse) in der Weise, dass sie mit ihren konkaven Innenflächen die Valvula cerebelli (ibid. Valc) ganz einschliessen. Dieser Befund stimmt mit dem *Stiedas* (1868, S. 25) an *Lota vulgaris* und *Handricks* (1901, Taf. **1**, Fig. 6–9) an *Argyropelecus* überein. Ungewöhnlich stark entwickelte Tori semicirculares fand *Klaatsch* (1850, Fig. 84, 85) an *Cyprinus carpio,* und *Gierse* (1904, S. 632, Taf. XIV, Fig. 1, 2, 3 Tse) an *Cyclothone* vor. Namentlich bei dem letzten Fische ist ihr Verhalten merkwürdig, denn sie treten frei hervor, während sie im allgemeinen von den unteren seitlichen Abhängen des Tectum opticum vollkommen verdeckt werden (*Mayser*, 1882, bei Cyprinus carpio, Taf. XXI, Fig. 48 Tor. sem; *Edinger*, 1900, S. 126, Fig. 83, bei Rhodeus amarus; und *Haller*, B., 1898a, Taf. XIII, XIV p, bei Salmo). *Die Tori semicirculares von Leucicorus sind von aussen nicht erkennbar; sie entfalten ihre Grösse nur nach innen.*

Der *Ventriculus tertius*, den wir als schmalen Spalt im Zwischenhirn verlassen haben, geht bei diesem Fisch merkwürdigerweise auf eine kurze Strecke in einen Kanal von rundem Querschnitt über (Taf. **2**, Fig. 9 $V_{III}$), der sich alsbald unter dem Tectum opticum verbreitert und Divertikel nach beiden Seiten hin sendet. Die in seinem Boden median verlaufende Längsfurche (Taf. **2**, Fig. 10 Lf) gewinnt nach hinten immer mehr und mehr an Tiefe. Sie ist jedoch nur von unbedeutender Länge. Denn durch den obenerwähnten Zusammenschluss der Valvula cerebelli und der Tori semicirculares wird sie vom intralobulären Hohlraume getrennt, tauscht alsbald ihre Rinnenform mit einer im Querschnitte rundlichen ein, und wird zu einem wohlausgebildeten *Aquaeductus sylvii* (Taf. **2**, Fig. 12 AS).

## DAS HINTERHIRN

(Metencephalon, Cerebellum, Kleinhirn) (Taf. **1**, Fig. 1, 3 HH) fällt durch seine Grösse auf und übertrifft in dieser Hinsicht alle übrigen Teile des Gehirns. Es besteht aus einem *unpaaren Stammteil* (Taf. **1**, Fig. 1, 3; Taf. **2**, Fig. 11, 12 Ctr) und *einem Paar Seitenteilen* (Taf. **1**, Fig. 1, 3; Taf. **2**, Fig. 11 Tl). *Gottsche* (1835, S. 462) nennt ein solches Kleinhirn ein "Cerebellum trilobatum." Aber auch vor ihm war bereits diese Dreiteilung des Kleinhirns bekannt. So bemerkt *Camper* (1774, S. 181): "Le cervelet form une espèce de cone tronqué qui a deux tuberosités láterales unies avec le cervelet." Und *Arsaky* (1813, S. 19) schreibt: "Hoc monente Cuviero semper azygon est. Vereor tamen ne vir praeclarus hic egregie falsus fuerit. Quamvis enim eum recte pronuntiasse modus, quo cerebellum avibus et quadrupedibus sensim evolvitur probare videatur, tamen plurima in piscibus exstant exempla, quae cerebellum minime tantum ex impari tubercula, sed saepissime ex tribus componi, impari scilicet in medio posito aliquoque tuberculorum pari eiusdem lateribus adstante ostendunt." Auch *Klaatsch* (1850, S. 19) liess diese Verhältnisse nicht unerwähnt.

Wiewohl im grossen ganzen das Kleinhirn von *Leucicorus* sich diesem allgemeinen Typus unterordnet, muss ich dennoch näher darauf eingehen, da es im besonderen einigermassen von dem der bis jetzt untersuchten Tiefseefische abweicht.

Der *Stammteil* (Taf. **1**, Fig. 1, 3; Taf. **2**, Fig. 11, 12 Ctr) hat die Gestalt eines Rotationselipsoids, das unter einem Winkel von 45° aufgestellt ist, von vorn nach hinten abfallend, und überragt die Seitenwülste bedeutend an Grösse und zwar derart, dass er sie von oben ganz verdeckt. Bei *Argyropelecus* sind gerade umgekehrt die Seitenwülste grösser als der Stammteil, und *Handrick* (1901, S. 9) meint, dass die Vergrösserung der ersteren auf Kosten der letzteren geschehen ist. Bei *Cyclothone* sind alle drei Abschnitte "ungefähr gleich stark entwickelt" (*Gierse*, 1904, S. 633). Dass das Vorderende des Stammteiles am Mesencephalon aufruht, habe ich bereits oben erwähnt. Das Hinterende ist scharf abgesetzt und liegt frei auf den Lobi posteriores des Nachhirns.

Die *Seitenwülste* (Taf. **1**, Fig. 1, 3; Taf. **2**, Fig. 11 Tl), identische Bildungen der *Corpora restiformia Haller's*, stehen mit der Mitte des Stammteiles in engstem Zusammenhange. Ich habe sie nur in der Seitenansicht darstellen können, weil sie an Breite weder den auf ihnen lastenden Stammteil, noch das sie tragende Nachhirn übertreffen und daher sowohl in der Ansicht von oben, als auch in der von unten verdeckt sind. In der Länge stehen sie Gebilden ihrer Art weit nach, denn sie hören noch vor dem Ende des Stammteiles auf.

Die Oberfläche des Kleinhirnes von Leucicorus ist vollkommen glatt; Längs- oder Querfurchen sind nirgends zu bemerken, obgleich sie am Teleostier-Kleinhirn nicht ausgeschlossen sind. So lesen wir bei *Gottsche* (1835, S. 459): "Gewöhnlich sieht man am Cerebellum eine mehr oder weniger deutliche Mittellinie, welche bei Gadus und Esox stark ausgedrückt ist, und häufig sieht man ebenfalls eine Querfaserung auf demselben, z. B. bei Gadus aeglefinus sehr deutlich, so dass man mit Recht behaupten kann, der

Typus der höheren Tiere verliere sich bei den Fischen nicht gänzlich." Auf *Mayser's* Darstellungen (1864, Taf. **1**, **2**, ff) ist diese Längsfurche auch mehr oder weniger ersichtlich. Sie entgieng ferner weder *Haller* (1898a, Taf. **12**, Fig. 2) an *Salmo fario*, noch *Malme* (1891, S. 13) an *Anguilla vulgaris*, auch nicht *Gierse* (1904, S. 634, Fig. 1, 20, 21) an *Cyclothone*. Querfurchen sah bereits *Cuvier* (1774, S. 182) am Kleinhirn des *Thunfisches*, und *Malme* (1891, S. 13) bei anderen *Scombriformes* (*Echeneis*, *Elacate*, *Coryphaena*).

Noch ein Bestandteil des Hinterhirns muss hier angeführt werden, der, da er an Querschnitten bereits im Bereiche des Mittelhirns sich zeigt, auch dort schon kurz von mir berührt wurde; es ist die *Valvula cerebelli* (Taf. **2**, Fig. 12 Valc). Sie gehört ihrem Ursprunge nach dem Kleinhirn an und soll daher hier näher besprochen werden. Dieses Gebilde, das nach *Haller* (1898a, S. 512) für das Teleostiergehirn charakteristisch ist, geniesst bei verschiedenen Fischen eine ungleiche Ausbildung. Eine wohlentwickelte Valvula, die weit unter die Lobi optici reicht, besitzt die Forelle (*Rabl-Rückhard*, 1883, Taf. **12**, Fig. 1; *Haller*, B., 1898a, Taf. **16**, Fig. 41); eine sehr kleine dagegen nach *Malme* (1891, S. 14) *Callionymis lyra* und *Agamus cataphractus*, " wo sie nur als zwei ganz schwach hervortretende Anschwellungen an dem Teil des Hinterhirns zu beobachten ist, der die Höhle des Mittelhirns nach hinten begrenzt." Auch bei *Cyclothone* ist sie nach *Gierse* (1904, S. 635) sehr klein und " erreicht nicht einmal den hinteren Rand des Tectum mesencephali, sondern liegt unter dem Vorderteil der Seitenwülste des Hinterhirnes auf dem hinteren Basalteil des Mittelhirnes, sowohl mit diesem als auch den Seitenwülsten (Tl) verwachsen (Fig. 20, Valc)."

Die Valvula cerebelli von *Leucicorus* ist *gut entwickelt*. Sie erreicht zwar nicht die Commissura posterior wie bei den Salmoniden, immerhin aber erfüllt sie den intralobulären Hohlraum bis zur Mitte. Ihre Oberfläche weist keine Faltung auf, sondern nur eine deutlich ausgeprägte Längsfurche. Sonst pflegt des öfteren auch eine Querfurche mit Ueberresten der Pia mater vorgefunden zu werden; diese habe ich hier nicht gesehen.

## DAS NACHHIRN

(Myelencephalon, Medulla oblongata, verlängertes Rückenmark) (Taf. **1**, Fig. 1, 2, 3; Taf. **2**, Fig. 11, 12, 13 NH) ist bei *Leucicorus* das stark verdickte vordere Ende des Rückenmarkes, in welch letztes es auch unmittelbar übergeht. Dorsal sitzen ihm die beiden *Lobi posteriores* (Taf. **1**, 1; Taf. **2**, Fig. 13 Lpo) auf. Während den Seiten des Basalteiles die meisten der

Hirnnerven entspringen, birgt er in seinem Inneren den Ventriculus quartus, die Rautengrube (Taf. **2**, Fig. 11 $V_{IV}$), die in ihrem mittleren Teil durch die Lobi posteriores gedeckt wird, vorn und hinten aber frei liegt.

Ueber die *Lobi posteriores* kann ich einen alten Gewährsmann, *Gottsche* (1835, S. 464), hier sprechen lassen: "Gleich hinter dem kleinen Gehirn kommt ein Paar graulicher Lappen in den meisten Fischen vor, welche sich miteinander über dem vierten Ventrikel verbinden, indem sie in der Mittellinie ein Thal zwischen sich lassen. Aussen ist graue, inwendig weisse Substanz; . . ." Diese Worte passen wohl wegen ihrer Allgemeinheit auf jedes Fischgehirn, so auch auf dieses. Genaueres darüber erfahren wir schon durch *Gierse* (1904, S. 636). Bei *Cyclothone* entstehen sie "schon in der vorderen Region, bald nach dem Auftreten der Seitenwülste des Hinterhirnes" und "bilden daselbst eine Art Schaufel oder Schöpflöffel, in dessen Höhlung der hintere Abschnitt des Stammteiles vom Kleinhirn seinen Platz findet (Taf. **16**, Fig. 21)." Wie die Abbildungen desselben Autors zeigen (Taf. **14**, Fig. 1, 3) sind sie auch deutlich abgesetzt und gut ausgebildet. Dies kann ich von *Leucicorus* nicht sagen: *hier gehen sie unmittelbar ohne äussere Begrenzung aus den Seitenwülsten des Kleinhirns hervor* und nehmen ungefähr dort ihren Anfang, wo das Hinterende des Kleinhirn-Stammteiles aufruht. Das "Thal," von dem *Gottsche* spricht, ist eine longitudinal verlaufende Rinne, die durch die Neigung der beiden Loben gegeneinander hervorgerufen wird und so lang ist wie diese. Auch bei *Argyropelecus* (*Handrick*, 1901, S. 10) beginnt sie bei der Verschmelzungsstelle der Loben und dürfte auch ihr Ende erreichen. "Bei *Cyclothone* dagegen," schreibt *Gierse* (1904, S. 636), "ist die Längsfurche nur an der Verschmelzungsstelle der Lobi posteriores eine kurze Strecke deutlich (Fig. 23 Lp) und ganz am Ende derselben, wo sich infolgedessen eine deutliche Zweiteilung der Lobi nachweisen lässt (Fig. 1 Lp). Zwischen diesen beiden Einkerbungen bilden die beiden Lobi miteinander einen einheitlichen Wulst, ohne jegliche Furchung (Fig. 1, 22, 23 Lp)."

Es erübrigt noch einige Worte über die *Lobi vagales* zu verlieren. Sie sind bei *Leucicorus* äusserlich überhaupt nicht zu sehen und es verrät nur der Ursprung des Nervus vagus, wo wir sie zu suchen hätten. Ein Querschnitt an jener Stelle hat viel Aehnlichkeit mit dem von *Salmo fario* (*Haller*, B., 1898a, S. 399, Textfig. 10). Auch *Handrick* erwähnt sie an *Argyropelecus* mit keinem Worte, wohl aber *Gierse* (1904, S. 636) an *Cyclothone;* und wenn er sie auch in der Beschreibung "im Vergleich zu den Lobi posteriores schwach und unansehnlich entwickelt" nennt, zeigen doch die Abbildungen (Taf. XIV, Fig. 1, 3 Lv), dass ihr Vorhandensein schon äusserlich deutlich erkennbar ist.

Ebensowenig wie die Lobi vagales war der *Lobus impar,* der am Boden der Rautengrube verlaufen soll, aufzufinden. Er ist eben nur ein sekundäres Gebilde (*Goronowitsch,* 1896, S. 4) und fehlt bei anderen Fischen auch, was übrigens schon *Malme* (1891, S. 17) konstatierte.

## Das Gehirn von Mixonus caudalis.

Taf. 3, Fig. 1-7, Taf. 4, Fig. 8-13.

Entsprechend der Grösse des Fisches — das mir zugebote stehende Exemplar misst ein halbes Meter — ist auch das Gehirn voluminöser als das des vorhergehenden. Auf den ersten Blick erkennt man, dass auch hier die Gestalt etwas Eigentümliches an sich hat. Der Grund dürfte wohl folgender sein. Die Anforderungen, die an die Augen gestellt werden, sind nicht geringer Art, denn die Sehzentren, namentlich der Thalamus und auch das Tectum opticum, sind sehr gross und verleihen dem vorderen Teil des Gehirnes ein eigentümliches Gepräge. Hinten sind die grossen Labyrinthe auf die Gestaltung der Gehirnteile von demselben Einfluss gewesen, wie ich es bereits auf Seite 223 bei Leucicorus geschildert habe. Trotzdem aber dieser Fisch den vorigen um mehr als eine Körperlänge übertrifft, messen die Otolithen hier kaum zwei Drittel der ersten (Taf. 3, Fig. 7). In Gestalt kommen sie ihnen nahezu gleich.

### DAS VORDERHIRN

Taf. 3, Fig. 1, 2, 3, VH

von *Mixonus* lässt makroskopisch zwei Teile, die *Corpora striata* und die *Bulbi olfactorii* leicht, den dritten Teil, die *Tractus olfactorii,* weniger gut erkennen. Dieser Umstand, den auch die mikroskopische Untersuchung bestätigt, weist darauf hin, dass wir es nach *Rabl-Rückhard* (1883, S. 308) "mit sitzenden, verwachsenen Tractus und einander genäherten Bulbi, bei langen Nervi olfactorii (Salmonidentypus)" zu tun haben. Die *Bulbi olfactorii* (Taf. 3, Fig. 1, 2, 3, 5 Bol) sind im Verhältnis zur Gehirngrösse klein, gleichsam unscheinbare Anschwellungen der aus ihnen hervortretenden starken *Nervi olfactorii* (Taf. 3, Fig. 1, 2, 3, I). Die kurzen Tracti olfactorii (Taf. 3, Fig. 4, Trol) bilden eine verschmolzene Masse, in deren basalem Teile ein Kanal, die Fortsetzung des Ventriculus communis, nach vorne verläuft und frei in die Cranialhöhle endet. Ganz dem Salmonidentypus entsprechend gehen die letzteren nach hinten unmittelbar ohne jede besondere Begrenzung in die

*Corpora striata* (Taf. 3, Fig. 6, Taf. 4, Fig. 8 Cs) über. *Diese haben die besondere Eigentümlichkeit, dass die von Haller* (1898a, S. 617) *unterschiedenen Teile sich in Grösse gerade umgekehrt verhalten als sonst; es ist nämlich hier der basale Teil der breitere, während der dorsale ihn an Grösse nicht erreicht.* Lateral verläuft eine longitudinale Furche (Taf. 3, Fig. 6 F) als Grenze zwischen beiden. Bezüglich des Bodens, der das rechte Corpus mit dem linken verbindet, und der Commissura interlobularis verweise ich auf meine Schilderung auf Seite 224, um sie nicht wiederholen zu müssen, nachdem die Verhältnisse hier gleich denen dort liegen. Die hintere untere Grenze des Vorderhirnes ist durch das *Chiasma nervorum opticorum* gegeben. *Dieses zeigt aber bei Mixonus ein ganz eigentümliches Verhalten.* Die Sehnerven entspringen bekanntlich zum grossen Teile aus dem Tectum opticum (*Edinger*, 1904, S. 127). Ihre Faserbündel umziehen den Thalamus in der Richtung von hinten oben nach vorn unten, um an der Hirnbasis vor dem Infundibulum auszutreten und das bekannte Chiasma zu bilden. Die Art der Nervenkreuzung ist bei verschiedenen Tieren auch sehr verschieden. Es handelt sich zunächst darum, ob sie total oder partiell ist. *Edinger* (1904, S. 157) meint, dass sie wohl mit der Stellung der Augen in innigem Zusammenhange steht; bei frontaler Lage der Augen (Mensch, Affe) ist eine totale Kreuzung nicht unbedingt notwendig, da die Bilder der medialen Teile zusammenfallen; daher tritt in diesen Fällen nur partielle Kreuzung ein. Bei Fischen, wo die Augen vollkommen lateral stehen, sind die Gesichtsfelder total verschieden und daher die Kreuzung überall total. Es ist nun Regel bei den Knochenfischen, dass der Nervus opticus der linken Seite sich einfach über den der rechten hinüberlegt. Gleichwohl macht aber *Wiedersheim* (1898, S. 235) auf *Harengus* und *Engraulis* aufmerksam, wo der eine Nerv durch einen Schlitz des anderen hindurchtritt. Auch *Edinger* (1904, S. 158) lässt diese Erscheinung nicht ausser acht. Im allgemeinen gehen die Sehnerven nach der Kreuzung unmittelbar auseinander. *Bei Mixonus caudalis machte ich aber folgenden Befund. In dem Chiasma der Nervi optici* (Taf. 3, Fig. 3, 6 Ch) *tut sich eine derartige Verflechtung der beiden Nerven kund, dass nähere Verhältnisse der Art von Verkreuzung sich absolut nicht erkennen lassen. Als einheitlicher Stamm, und zwar ganz plattgedrückt, nicht von rundem Querschnitt, verlassen die Sehnerven die Hirnbasis. Diese Nervenplatte begleitet das Vorderhirn vom Infundibulum bis unter die Bulbi olfactorii. Erst nahe unter dem Vorderende der letzten erfolgt die Auflösung in die beiden Nervi optici* (Taf. 3, Fig. 1, II). Eine Bindegewebslage von ziemlicher Dicke umgibt das lange Chiasma von seinem Ursprunge an allseits. *Die Sehnerven gehen also hier nicht* "gleich nach der Kreuzung" (*Stannius,* 1849, S. 13) *auseinander, sondern verlaufen ein Stück des Weges gemeinsam am Boden der Schädelhöhle und verlassen sie erst später.* Einen ähnlichen Fall beschreibt *Gierse* (1904, S. 639) bei *Cyclothone.* Allerdings hat das Chiasma dort nicht die Dimensionen und die Gestalt des vorliegenden.

## DAS ZWISCHENHIRN.

**Taf. 3 Fig. 1, 2, ZH.**

Der *Epithalamus* des Zwischenhirnes besteht aus dem *Plexus chorioidei* (Taf. **4**, Fig. 8 Plch) und den *Habenularganglien* (Taf. **4**, Fig. 9 Gh). Der erste erreicht bei weitem nicht jene Dimensionen wie bei *Leucicorus.* Die Blutgefässe treiben die einfache Epithellage vor sich hin und erzeugen auf diese Weise Falten von unbedeutender Höhe. Derartige Verhältnisse, die auch bei anderen Fischen vorgefunden werden, dürften einst manche Autoren glauben gemacht haben, dass es wahre Plexus chorioidei bei den Fischen nicht gebe.

Der zweite Teil, die *Ganglia habenulae,* nehmen die normale Lage ein, "am hinteren Seitenrand der dorsalen Zone" (*Wiedersheim,* 1902, S. 211; *Ahlborn,* 1883, S. 228; *Haller,* B., 1898a, Taf. XVI, Fig. 41 gh). Es sind zwei vollkommen symmetrische, lobuläre Gebilde von bedeutender Grösse, die auch makroskopisch dem Beobachter nicht entgehen können. Nur im hinteren Teile ist ihre Lage eine versteckte. Der Grund hiefür liegt aber nicht darin, dass das Zwischenhirn in die Tiefe gerückt und durch das übermässig ausgebildete Mittelhirn von oben her verdeckt wird — dies kommt nämlich bei Fischen sehr häufig vor (vergl. *Sticda,* 1873, S. 446) — nein, *hier ist es vielmehr der Thalamus* (Taf. **2**, Fig. 9 T), *der die Ganglia habenulae umgreift, indem er mächtig anschwillt, sie in die Tiefe drängt und schliesslich, nachdem sie selbst an Volumen zugenommen haben, hinten in sich aufnimmt.* Die Commissur (Taf. **4**, Fig. 9, 10 Com), welche das rechtseitige Ganglion mit dem linkseitigen verbindet, bildet nur vorne eine kurze Strecke eine Furche, ist aber sonst erhaben.

## DER PINEALAPPARAT

von *Mixonus* setzt sich aus einem *Pineal-* und einem *Parapinealorgan* zusammen.

Es ist bis jetzt überhaupt nicht bekannt, welche Bedeutung diese Organe haben sollen. *Leydig* gebührt das Verdienst, das erstere entdeckt zu haben;

*Graaf* und *Spencer* haben es eingehend untersucht, und *Klinckowström* seinen nervösen Zusammenhang mit dem Gehirne und zwar den Habenularganglien festgestellt. Wenn *Haller* (1898a, S. 569, Taf. XVI, Fig. 41, Taf. XXII, Fig. 80) wie aus seinem Texte und namentlich den Abbildungen hervorgeht, den Ursprung der Epiphysendrüse bei Fischen hinter die Basalganglien, an die Grenze zwischen Dien- und Mesencephalon setzt, so weicht hierin Mixonus insofern ab, als seine Epiphyse vorne aus den Ganglien habenulae entspringt, also eine vorgeschobene Stellung einnimmt. Hier sind vielmehr die Worte *Fritsch's* (1878, S. 19) am Platze, der diesbezüglich von der Zirbeldrüse schreibt: "Sie bezeichnet gewissermassen die Grenzmarke zwischen dem Vorder- und Zwischenhirn."

*Ehlers* (1878), der als erster die Zirbel bei Haien und Rochen einer eingehenden Bearbeitung unterzog, unterscheidet an ihr drei Teile, die auch von anderen Forschern nach ihm stets genannt werden; es sind dies ein proximaler oder cerebraler, ein medialer, und ein distaler oder cranieller. Der erste pflegt "schwach kegelförmig gegen die mittlere Strecke sich verjüngend" zu sein, der zweite repräsentiert den Stiel, der dritte das Ende des Pinealorganes. Diese Teile werden auch bei *Mixonus caudalis* unterschieden, wenngleich sich das Ende des Pinealorganes meiner Untersuchung entzog. Die Epiphyse beginnt im rechten Ganglion habenulae wie sonst mit einer kleinen Anschwellung, die sich alsbald in einen Stiel (Taf. **3**, Fig. 1, 2; Taf. **4**, Fig. 8 Est) verwandelt. Dieser bewahrt bei *Acanthias* (*Ehlers*, 1878, S. 61) gleiche Dicke im Gegensatz zu *Raja*, wo der Stiel die Verjüngung der Ursprungsstelle bis zum feinsten Faden fortsetzt. In seinem Anfang ist er solid, wohl aber nur eine kurze Strecke; die weitaus längere ist er hohl, also ein Schlauch. Ob seine Cavität auch auf den distalen Teil übergeht, konnte ich nicht feststellen. Sollte dies aber der Fall sein, dann hätten wir dieselben Verhältnisse wie sie *Hill* (1894, S. 248) bei *Salmo fario* schildert: "The distal part and the distal portion of the stalk retain the cavity, but the proximal portion of the stalk (not shown in the figure) has become solid." Gerade umgekehrt fand es *Klinckowström* (1893, S. 563) bei *Callichthys* (asper und litoralis), wo das proximale Ende des Stieles schlauchförmig, der distale Teil des Pinealorganes solid ist. Ein massiver Stiel mit solidem distalen Ende pflegt bei Fischen öfter vorzukommen, wofür *Cattie's* (1882) Untersuchungen sprechen. Auch an dem Tiefseefische *Cyclothone* ist es so (*Gierse*, 1904, S. 623), während *Argyropelecus* einen soliden Stiel, im Endteil aber eine Cavität zeigt (*Handrick*, 1901, S. 37).

Das *Parapinealorgan* von *Mixonus* (Taf. **3**, Fig. 2, 6; Taf. **4**, Fig. 8 P) ist, wenn auch bedeutend kürzer als das Pinealorgan, doch gut ausgebildet. An der Ursprungsstelle jenem im Querschnitte gleichend, verjüngt es sich nicht, sondern schwillt keulenförmig gegen sein Ende an. Es reicht nicht über die Corpora striata hinaus. *Abweichend von den bisherigen Befunden musste ich konstatieren, dass dieses Organ bei Mixonus durchwegs solid ist.* Es fiele mir auf Grund dieser Untersuchung schwer, es als das zu erkennen, was es wirklich sein soll und ist, nach *Hill* (1894, S. 209) nämlich eine Ausstülpung des Ventriculus communis. Auf eine solche konnte es auch *Gierse* an *Cyclothone* zurückführen, denn "es ist ein in seiner ganzen Ausbildung von einem zentralen Längskanal durchzogener Schlauch, dessen Lumen beim Austritt vor das Gehirn ungefähr kreisrund ist und sich in seinem distalen Endteil in einen schlitzförmigen Spalt verengt. . . . Das Parapinealorgan von Cyclothone ist also wirklich eine Ausstülpung des Ventriculus communis (*Gierse*, 1904, S. 624)." *Handrick* (1901, S. 39) beschreibt es bei Argyropelecus mit folgenden Worten: "Es ist im wahrsten Sinne des Wortes ein kolbenförmig gestaltetes häutiges Bläschen (End), das caudalwärts in einen röhrenförmigen häutigen Stiel (E'st) ausläuft." Daraus geht aber hervor, dass für manche Fische eine dorsalwärts gerichtete Ausstülpung — Paraphyse — feststeht, wie sie übrigens bei allen Vertebraten vorhanden ist. *Edinger* hält sie noch 1904, S. 137, bei Knochenfischen für unsicher, wohl aber nur in dem Sinne, als ihr Vorkommen bei dieser Vertebratenreihe kein allgemeines ist.

*Pineal- und Parapinealorgan von Mixonus verlaufen auf der Habenularcommissur nicht übereinander, sondern nebeneinander.* Dieses Verhalten ist neu und äusserst wichtig für die Hypothese *Hill's*. Jener Forscher, dem die Entdeckung des Pinealorganes bei Knochenfischen vorbehalten war, kam auf Grund entwicklungsgeschichtlicher Studien an Salmo fontinalis, purpuratus, und fario zu dem Schlusse, dass die Epiphysen ursprünglich nebeneinander lagen (1894, S. 259). *Handrick* konnte sich für diese Hypothese nicht entscheiden (1901, S. 39), da am Argyropelecus eine etwas verschobene Lage des Parapinealorganes nur an einem Exemplare vorgefunden wurde. Noch weniger vermochte *Gierse* (1904, S. 625) mit *Cyclothone Hill's* Ansicht zu bestätigen, da das Pinealorgan streng median über dem Parapinealorgan verläuft. Die extramediane Lage bezieht sich nur auf einen Teil des Stieles. *Hier ist die Nebeneinanderlage, wenn auch nicht bis an das Ende, doch zum grossen Teile und zwar an einem entwickelten Tier, nicht am Embryo vorgefunden worden* (Taf. **4**, Fig. 8 P, Est).

Wenn *Edinger* (1904, S. 136) den Thalamus als die Hauptmasse des Diencephalon bezeichnet, so liefert hiefür auch *Mixonus* ein gutes Beispiel. Ich habe bereits bei den Gangliae habenulae (vergl. S. 238) auf seine übermässige Ausbildung und die Folgen derselben hingewiesen. Trotz seiner Grösse ist es aber auch an diesem Fische unmöglich, ihn nach vorn oder hinten deutlich abzugrenzen. Ja gerade im hinteren Teile steigt er zu so einer Höhe heran, dass er unmittelbar in das Tectum opticum übergeht. In seinem Inneren dehnt sich der *Ventriculus tertius* (Taf. **4**, Fig. 9, 10, $V_{III}$) aus, der durch Verschmälerung aus dem Ventriculus communis hervorgegangen ist und mit Ausnahme des oberen erweiterten Teiles Spaltform besitzt. Er kommuniziert unten mit der Infundibularhöhle. Die Aussenseite weist die *Lobi laterales* (Taf. **3**, Fig. 1, 3; Taf. **4**, Fig. 11 Ll) und die dem Hypothalamus bereits angehörenden *Lobi inferiores* (ibid. Li) auf. Rostralwärts sind die beiden kaum von einander geschieden und erscheinen als einziger mächtiger Wulst. Caudalwärts tritt zwischen beiden eine Längsfurche auf, die zwar in der Mitte genug tief ist, noch vor dem Ende der Loben aber verschwindet. *An Grösse stehen die Lobi laterales den inferiores nach; es wäre somit Haller's Hypothese* (vergl. S. 227) *hier zutreffend, hier speziell, da man die ersten aus den letzten vorne entstehen und hinten in ihnen aufgehen sieht.*

Der basale Teil des Zwischenhirns, der *Hypothalamus*, ist bei *Mixonus* sehr breit und ausserordentlich lang; reicht er doch über das gewohnte Mass hinaus und endet erst unter dem Hinterhirn. Seine Bestandteile sind das *Infundibulum* mit der *Hypophyse*, der *Saccus vasculosus*, und die *Lobi inferiores*.

Das *Infundibulum* (Taf. **3**, Fig. 1; Taf. **4**, Fig. 9, 10 J) bildet die Seitenwände und den Boden der mit zahlreichen Divertikeln versehenen Infundibularhöhle (Taf. **4**, Fig. 10 Jh), welche natürlich als Ausstülpung des Zwischenhirnventrikels mit diesem zusammenhängt. Median findet dieser Hohlraum seine Fortsetzung nach vorn unten in dem Hypophysenstiel, zu dem sich das Infundibulum verjüngt.

Der *Hypophysenstiel* (Taf. **3**, Fig. 1, 3; Taf. **4**, Fig. 8, 9 Hst) *ist sehr lang.* Ein solcher kommt bei Fischen, wie ich schon bei *Leucicorus* erwähnte, seltener vor. *Gottsche* (1835, S. 433, 434) war er bekannt; er fand ihn am längsten an *Lophius piscatorius* und *Clupea alosa*, verglich ihn mit einer "Nabelschnur" und nannte die an seinem Ende hängende Hypophyse eine "Hypophysis pedunculata." Andere Vertreter mit langem Hypophysenstiel führt *Malme* (1891, S. 29, 42, 43) in den Familien der *Atherinidae*, *Cyprinidae*, und *Characinidae* an. Von den bis jetzt untersuchten Tiefseefischen ist

*Cyclothone* hier zu nennen. Auffälliger aber als die Länge ist für den Hypophysenstiel von *Mixonus* der Umstand, dass er *hohl* ist. So wurde er nur noch an *Lophius piscatorius* gefunden (*Fritsch*, 1878, S. 23, Fig. 17, 18 Taf. II). Während sich *Fritsch* über die Natur des Schlauches nicht näher ausdrückt, muss ich bemerken, das der vorliegende durchaus *nervösen* Charakter aufweist.

Die *Hypophyse* (Taf. **3**, Fig. 1 H) liegt zwischen Basi- und Praesphenoid. Diese Lage ist bei Fischen, ob mit kurzem oder langem Hypophysenstiel, allgemein. *Haller* (1898, S. 60) fand sie so ursprünglich an Selachierembryonen, konstatierte aber dann, dass dieser Zustand verloren geht und die Sphenoidalknorpel miteinander verwachsen. Bei den Salmoniden bleibt jedoch nach der Angabe desselben Autors die embryonale Lage der Hypophyse zeitlebens erhalten. Das Grübchen, das die Hypophyse aufnimmt, ist bei den *Characinidae* seicht, bei den *Cyprinoidae* tief (1891, S. 43). *Mixonus* gleicht in dieser Beziehung den ersten. Seine Hypophyse hat überdies nicht die gewohnte Bohnenform, sondern die einer flachgedrückten Linse.

Der *Saccus vasculosus* (Taf. **3**, Fig. 1, 3; Taf. **4**, Fig. 11 Sac) ist unbedeutend und scheint zwischen den mächtigen Lobi inferiores nahezu ganz unterdrückt. Das Lumen des Infundibulum findet in ihm zentral seine Fortsetzung; die Wände sind reich gefaltet und mit vielen Blutgefässen versorgt. Noch vor dem Ende der Lobi inferiores, die medial bis zur Berührung aneinander treten, in einen ganz schmalen Spalt eingeengt verschwindet er.

Die *Lobi inferiores* (Taf. **3**, Fig. 1, 3; Taf. **4**, Fig. 10, 11 Li) von denen ich schon gelegentlich der Lobi laterales und des Saccus vasculosus einiges vorausgeschickt habe, biegen aus ihrer seitlichen Lage im hinteren Teile gegen die Mediane unter das Mittelhirn ein. Sie sind sehr voluminös, reichen hinten bis unter das Hinterhirn und übertreffen den Saccus an Länge. Dies letztere trifft bei Knochenfischen vielleicht ebensohäufig zu wie das umgekehrte; wenigstens gehören von den 27 Familien, die *Malme* (1891) in seiner Arbeit anführt 10 der ersten und 17 der anderen Art an; bei den übrigen halten sich Lobi inferiores und Saccus ungefähr das Gleichgewicht. Im Inneren eines jeden Lobus ist ein kleiner Hohlraum, der in Anbetracht der grossen Hirnmasse seines Trägers leicht übersehen werden kann. Das Ende der Loben weist dorsal und ventral eine kurze Längsfurche auf.

Noch eines muss hier in Bezug auf die Lobi inferiores und laterales erwähnt werden, dass sie nämlich trotz ihrer guten Entwicklung keine scharfe Abgrenzung nach vorne oder hinten zeigen; dadurch aber büssen sie den gewohnten *lobulären* Charakter, an dessen Stelle der ausgesprochen *wulstige* tritt, vollkommen ein. Ich argwöhnte anfangs, ob dieser Umstand nicht eine Folge der Schrumpfung sei, überzeugte mich alsbald von der Unzulänglichkeit meiner Annahme dadurch, dass ich nach dem Oeffnen der Cranialhöhle anderer Fische ebendieser Sammlung jene obenerwähnten Teile deutlich lobulär ausgeprägt vorfand.

## DAS MITTELHIRN.

Von einem normalen Teleostier-Mittelhirn schreibt *Edinger* (1904, S. 121), dass es enorm gross ist und dass nur die Oblongata, welche alle die gewaltigen Hirnnerven des Fisches aufzunehmen hat, ihn an Ausdehnung erreicht. So trifft es auch bei *Mixonus caudalis* zu. Namentlich sind es die *Lobi optici* (Taf. **3**, Fig. 1, 2, 3; Taf, **4**, Fig. 11 Lop), die diesem Gehirnteile jene Grösse verleihen. Das Gehirn erreicht in ihnen das Maximum an Breite, so dass sie auch in der Ansicht von unten vorragen. Auffallend an ihnen ist, dass sie jeder kugeligen Ausbildung, ebenso wie die bereits genannten Loben des Zwischenhirns entbehren und *ganz flach* sind. Dies gilt von ihrer ganzen Länge, namentlich aber vom hinteren Teil, wo auch der Grund sehr nahe liegt: es ist der von oben her auf ihnen lastende Stammteil des Kleinhirns, der sie so flachdrückt. Die mediane Longitudinalfurche ist deutlich ausgebildet.

Der *Torus longitudinalis* (Taf. **4**, Fig. 11 Tol) verläuft median in der Decke des intralobulären Hohlraumes. Er ragt ganz frei hinein wie bei Salmo fario und besteht aus zwei Wülsten, denen wiederum lateral aussen je ein sekundärer Wulst aufsitzt. Ein solcher *vierwulstig r* Torus ist an Fischgehirnen bis jetzt *nicht* beobachtet worden.

Die Hirnmasse des Tectum opticum nimmt von vorn nach hinten ab. Ihr gewaltiges Volumen im vorderen Teile würde ich ebenso wie *Handrick* (1901, S. 8) "lediglich auf die excessive Ausbildung der Augen" zurückführen, wenn nicht *Gierse* (1904, S. 631) gezeigt hätte, dass auch bei kleinen Augen viel Hirnmasse im Tectum opticum vorkommen kann. Die Abnahme der Hirnsubstanz im rückwärtigen Teile des Tectum habe ich wie bei *Leucicorus* als Unvollkommenheit desselben bei Fischen mit vorgestülpten Stammteil des Cerebellums erkannt. Hier ist übrigens die Reduktion nicht so stark, da die Lobi optici der Valvula cerebelli und dem Kleinhirn nach rechts und links ausweichen, um nicht ganz unterdrückt zu werden.

Wenn ich erklären muss, dass das intralobuläre Lumen trotz der Grösse des Mittelhirndaches gering ist, so ist dies folgenden Faktoren zuzuschreiben: ausser der bereits erwähnten mächtigen Hirnmasse der Lobi optici, der stark gehobenen Pars peduncularis, und der Valvula cerebelli.

Die *Valvula cerebelli* (Taf. **4**, Fig. 12 Valc) erstreckt sich bis in die Mitte des Hohlraumes und wird seitlich von den *Tori semicirculares* (Taf. **4**, Fig. 12 Tse) zur Hälfte eingeschlossen. Diese letzten sind schwach entwickelt und zeigen ebensowenig wie bei Leucicorus eine Spur äusserer Umgrenzung. Es ist wohl anzunehmen, dass sie in den Seitenteilen des Tectum opticum aufgehen. Der Boden der Höhlung ist, wie oben erwähnt, durch die *Pars peduncularis* (Taf. **4**, Fig. 10) gehoben. Eine median in ihm verlaufende Furche (Taf. **4**, Fig. 11 Lf) ist vorhanden. Ueber eine solche schreibt *Handrick* (1901, S. 9): "Im Boden des durch die Lobi optici gebildeten Hohlraumes, über der Pars peduncularis des Mittelhirns beginnt gleichfalls eine Längsfurche, welche bei *Argyropelecus* während ihres Verlaufes nach hinten zunächst mit dem hinteren Teile des Ventriculus tertius kommuniziert und dann als Aquaeductus unter dem Kleinhirn verlaufend in den Ventriculus quartus mündet (Taf. **1**, Fig. 6–10; Lf)." Ebenso fand es *Gierse* (1904, S. 632) bei Cyclothone. Beide Autoren weisen auf *Stieda* (1868, S. 25) hin, der bei *Gadus lota* auch von jener Furche spricht; sie soll dort aber bereits *unter der Valvula cerebelli verschwinden.* Durch diese Worte wäre man zu der Annahme verleitet, dass hiedurch die Verbindung zwischen dem dritten und vierten Ventrikel aufgehoben wird. Dem ist nun nicht so; denn derselbe Autor schreibt eine Seite früher (S. 24): "Unter diesem mit einer Längsfurche versehenen Körperchen," er meint die Valvula cerebelli, "wird die Verbindung des vierten Ventrikels mit der Höhle des Sehlappens vermittelt." Ich verstehe die Worte *Stieda's* dahin, dass gerade so, wie bei *Mixonus caudalis,* die wenn auch tiefe Längsfurche im Boden des Ventriculus tertius verschwindet, *nur aber als solche,* während das übrige Lumen des Ventrikels auf einen schmalen unscheinbaren Kanal von rundem Querschnitt, den *Aquaeductus Sylvii,* reduziert wird. Die Abbildungen der Querschnitte seitens *Handrick's* (1901, Taf. **1**. Fig. 7, 8, 9) und seitens *Gierse's* (1904, Taf. XVI, Fig. 20) weisen auch eine Furche im Boden des Aquaeductus auf, die bei *Mixonus* nicht vorhanden ist.

## DAS HINTERHIRN

**Taf. 3, Fig. 1, 2, HH**

von *Mixonus* ist der mächtigste unter allen Teilen des Gehirnes. Es vermag uns aber weniger Interesse abzugewinnen, da es nach dem gewohnten Typus eines "Cerebellum trilobatum" gebaut ist, ohne irgendwelche besondere Abweichungen zu zeigen. Die schon *Camper* bekannten drei Teile, der unpaare mittlere und die paarigen seitlichen, stehen im umgekehrten Verhältnisse als bei *Leucicorus*, denn die letzten übertreffen den ersten an Masse und Länge.

Der *Stammteil* (Taf. **3**, Fig. 1, 2; Taf. **4**, Fig. 12, 13 Ctr) hat regelmässige Halbkugelform. Sein Vorderende drängt sich (vergl. S. 242) zwischen die auseinanderweichenden hinteren Partien der Lobi optici hinein. Das Hinterende ist nicht verschmälert, sondern rund, und geht in den Lobi posteriores (Taf. **4**, Fig. 13 Lpo) auf, denn diese "schieben sich," um *Gierse's* Worte zu gebrauchen, "zwischen Stammteil und die in ihrem vorderen Abschnitte in der Mitte zusammenhängenden Seitenteile und stellen so eine Verbindung zwischen den Teilen des Kleinhirns her."

Die *Seitenwülste* (Taf. **3**, Fig. 1. 2, 3; Taf. **4**, Fig. 13 Tl), gehen vorne allmählich aus dem Stammteil hervor und sind daselbst nicht genügend abgegrenzt. Dennoch kann man annehmen, dass sie ihren Anfang ungefähr in der Mitte des Stammteiles haben. Sie biegen seitlich nach unten um und reichen weit über das Ende desselben hinaus.

Längs- oder Querfurchen sind an der Oberfläche des Kleinhirns nicht wahrzunehmen.

Die *Valvula cerebelli* (Taf. **4**, Fig. 12 Valc) gehört zu den mittelmässig entwickelten und überschreitet nicht das hintere Drittel des Tectum opticum. Dort, wo ihr die Lobi optici Platz machen (vergl. S. 243) würde sie eigentümlicherweise *frei* liegen, wenn nicht das Cerebellum hier den Abschluss bildete.

## DAS NACHHIRN

**Taf. 3, Fig. 1, 2, 3; Taf. 4, Fig. 13 NH**

von *Mixonus* hat viel Aehnlichkeit mit dem des *Leucicorus lusciosus*. Es umgibt mit seiner Hirnsubstanz, die ganz gewaltig ist, den vierten Ventrikel (Taf. **4**, Fig. 12, 13 $V_{IV}$). Von seinen besonders differenzierten Teilen sind nur die *Lobi posteriores* (Taf. **3**, Fig. 1, 2, Taf. **4**, Fig. 13 Lpo) zu nennen. Sie setzen bereits zwischen dem Stammteil und den Seitenwülsten des Cerebellums ein. Eine innere Abgrenzung dieser drei Teile gegeneinander ist nicht zu erkennen; sie sind zu einer einheitlichen Masse verschmolzen und nur äussere Anschwellungen zeigen, wo sie beginnen. Unmittelbar hinter dem Stammteil des Kleinhirns öffnet sich der geräumige *Ventriculus quartus* nach oben und wird nur durch ein Choroidalgeflecht bedeckt. Die Lobi posteriores verlaufen zu seinen beiden Seiten und man sieht, dass sie mehr als mit der Hälfte der gesammten Hirnmasse des Nachhirns an dem Aufbaue des letzten beteiligt sind. Nach hinten nehmen sie an Höhe ab, gehen dafür mehr in die Breite und erlangen schliesslich die Ausbildung von dicken gegeneinander geneigten Platten, die nach der Mediane bis zur Berührung zusammenrücken, *ohne indessen miteinander zu verschmelzen.* Das "Thal" *Gottsche's* ist demzufolge während ihres ganzen Verlaufes schön zu beobachten. Die geräumige Rautengrube, die sich unterhalb der Berührungstelle der Lobi posteriores in einen schmalen Kanal verwandelt hat, erweitert sich hinten nochmals und zwingt jene Loben zum Auseinanderweichen; kurz vor den Ursprungsstellen des Vagus verschwinden sie gänzlich.

*Lobi vagales* und ein *Tuberculum impar* sind bei *Mixonus* nicht vorhanden.

## Das Gehirn von Bassozetus nasus.

**Taf. 5, Fig. 1-8, Taf. 6, Fig. 9-17.**

Auch dieses Gehirn zeigt sich in der Totalansicht (Taf. 5, Fig. 1–3) weniger gut mit dem normalen Physostomentypus übereinstimmend. Einerseits muss die langgestreckte Form, dabei aber andererseits die Zusammenschiebung der einzelnen Teile auffallen. Auch hier verteilen sich die Ursprungsstellen der zehn Fischgehirnnerven auf folgende Weise: I, II, III, IV, V + VII + VIII, VI, IX + X. Auf die Ursache dieser Verhältnisse hinzuweisen hatte ich bereits bei den vorhergehenden Fischen Gelegenheit und füge hier die Fig. 8 auf Taf. 5 bei, welche die geräumigen Sacculi zu den Seiten der Medulla oblongata deutlich zeigt.

Die Cranialhöhle dieses Fisches bietet dem Gehirne bei weitem mehr Platz als dieses namentlich mit dem vorderen und mittleren Teile in der Tat einnimmt.

### DAS VORDERHIRN

**Taf. 5, Fig. 1, 2, 3 VH**

ist verhältnismässig gross. Die Unterscheidung seiner Bestandteile, die Tracti olfactorii ausgenommen, liesse sich wohl auch mit der Lupe bereits durchführen.

Die Hauptmasse stellen die deutlich lobulär ausgebildeten *Corpora striata* (Taf. 5, Fig. 6; Taf. 6, Fig. 9 Cs) vor, während die *Bulbi* (Taf. 5, Fig. 5 Bol) und die *Tracti olfactorii* (Taf. 5, Fig. 6 Trol) ganz in den Hintergrund treten. Die letzten sind äusserst kurz, nur an mikroskopischen Präparaten erkennbar, dafür aber durch eine deutliche Grenze von den Streifenhügeln geschieden. Nach hinten nehmen aus ihnen die Pedunculi cerebri ihren Anfang, nach vorne gehen sie ohne Begrenzung in die unansehnlichen *Bulbi olfactorii* über, die sich alsbald zu den Riechnerven (Taf. 5, Fig. 1, 2, 3, I) verjüngen. Für den *Ventriculus communis* (Taf. 5, Fig. 5, 6, 7 Vc) bleibt im Vorderhirn nur wenig Platz in Form der bekannten T-förmigen Spalte übrig. Dadurch, dass das ihn deckende Pallium vorne frontal mit den Bulbi verwächst, findet er einen vollkommenen Abschluss, ohne etwa in die Cranialhöhle frei auszumünden (Argyropelecus, Leucicorus, Mixonus).

*Das Vorderhirn von Bassozetus gehört unzweifelhaft dem Salmonidentypus an; eine kleine Abweichung zeigt es insofern, als die Bulbi olfactorii dorsal mit einander verschmolzen sind* (Taf. 5, Fig. 5).

## DAS ZWISCHENHIRN

**Taf. 5, Fig. 1, 2 ZH**

liegt wie überall dort, wo nicht mächtige Lobi optici darauf lasten, ganz frei (Taf. 5, Fig. 1, 2 ZH).

Der *Epithalamus* besteht aus dem *Plexus chorioidei* und den *Ganglia habenulae.* Der erste (Taf. 6, Fig. 9 Plch) kommt an Grösse dem von Leucicorus nahezu gleich, nimmt viel Raum für sich in Anspruch, weshalb die letzten zurücktreten müssen. Die *Ganglia habenulae* (Taf. 5, Fig. 7 Gh) sind äusserlich kaum angedeutet, an Querschnitten im Mikroskope sehr leicht erkennbar. Das rechte liegt weiter hinten als das linke und ist auch etwas kleiner als dieses. *Die Habenularganglien sind also hier assymmetrisch.* Die mediane Kommissur, welche die Haubenganglien miteinander verbindet, bildet eine seichte Furche, die nach hinten an Tiefe abnimmt und endlich dort, wo die Ganglien in die Seitenteile des Thalamus übergehen, sich ganz ausflacht.

## DER PINEALAPPARAT

von Bassozetus weist ein Pineal- und ein Parapinealorgan auf. An dem ersten lassen sich die gewohnten drei Teile unterscheiden: 1. Der proximale Endteil (Taf. 5, Fig. 7 E'st); er geht als ein kegelförmiger Zapfen aus dem rechten Haubenganglion nahe der Mediane hervor, ist massiv, histologisch analog seinem Ursprungsherd zusammengesetzt. 2. Der Stiel (Taf. 5, Fig. 1, 2, 3, 4, 6; Taf. 6, Fig. 9 Est); er ist dünn aber lang, verläuft median, reicht weit über die Bulbi olfactorii hinaus und ist dorsoventral zusammengedrückt. Er zeigt durchwegs nervösen Charakter und schwillt an seinem Ende an. 3. Der distale Endteil (Taf. 5, Fig. 1, 2, 3; Taf. 6, Fig. 11, 12 E); er ist infolge des langen Stieles weit vorgeschoben und an die Innenseite des Schädeldaches in der Gegend der sogenannten Epiphysarspange befestigt und hat eirunde Form. Sein histologischer Bau lässt zwei von einander verschiedene Zonen, eine grob- und eine feinkörnige, deutlich unterscheiden. Die erste (Taf. 6, Fig. 11, 12 Z) bildet den Kern des Endteiles; in ihr sieht man den Stiel des Pinealorganes (Taf. 6, Fig. 11 Est), der hinten unten eingetreten ist, beinahe bis zur Spitze verlaufen. Ganglienzellen (Taf. 6, Fig. 12 G) treten in ihrem Inneren spärlich auf, gruppieren sich dagegen schön an der Peripherie. Hier sind sie sehr zahlreich, schliessen die zentrale Partie gleichsam in eine einschichtige Kapsel allseits ein und senden Fortsätze nach innen. Die äussere Zone (Taf. 6, Fig. 11, 12 z) ist nicht arm an Nervenelementen. Bipolare Ganglienzellen zu langen Ketten aneinandergereiht findet man daselbst vor. *Wenn andere Autoren den nervösen Charakter des Pinealorganes bei manchen Fischen durch den drüsigen verdrängt sehen, so muss ich von Bassozetus das Gegenteil behaupten. Von einem Lumen im Innern ist keine Spur vorhanden; es ist eben durch die zentrale Partie, die übrigens viel Aehnlichkeit mit der sonstigen Hirnsubstanz hat, ausgefüllt.*

Es freute mich, den für Teleostier neuen Befund *Gierse's* (1904, S. 623), den er an *Cyclothone* machte, auch an *Bassozetus* konstatieren zu können. Jener Autor fand nämlich, dass an dem Endteil des Pinealorganes, dort, wo es in den Stiel übergeht, zwei feine Nervenstämmchen abgehen und längs des Stieles nach dem Gehirne ziehen. So ist es auch hier (Taf. 5, Fig. 4 En). Die Hauptsache aber, um die es sich in beiden Fällen handelt, ist die *Zweizahl* und die *Symmetrie dieser Pinealnerven*, denn sonst ist bei Teleostiern nur von einem die Rede. Für Saurier sind wohl zwei von *Klinckowström* (1893, S. 266, 267) nachgewiesen; in einem Falle fand er noch überdies einen unpaaren *Tractus pinealis* vor.

Das *Parapinealorgan* des *Bassozetus* (Taf. 5, Fig. 4, 7; Taf. 6, Fig. 9 P) ist stark verkürzt, unscheinbar; erreicht es ja nicht einmal das Vorderende der Streifenhügel. Dennoch gelang es mir aber, jene gewagte Behauptung *Handrick's*, mit der er *Hill's* Erklärung des Parapinealorganes auch für

*Argyropelecus* bestätigt (vergl. S. 239) und für die ich mich auf Grund der Tatsachen bei *Mixonus* nicht recht entschliessen konnte, hier klar und deutlich verwirklicht zu sehen. Dort, wo der kegelförmige Anfangsteil des Pinealorganes in den Stiel übergeht (Taf. 5, Fig. 7), gerät er unter das Parapinealorgan, denn dieses vollkommen gleich einer Falte des Plexus Chorioideus — es liegt auch in dessen Bereiche — stülpt sich nach oben vor und nimmt alsbald die Form eines Schlauches mit einschichtiger, epithelialer Wand an (Taf. 5, Fig. 4 P). *So kann auch ich für Bassozetus erklären, dass das Parapinealorgan eine Ausstülpung des Ventriculus communis ist.*

Die kurze Strecke, welche Pineal- und Parapinealorgan gemeinsam verlaufen, sind sie übereinander gelagert, das erste median über dem zweiten.

Der *Thalamus,* seiner Hauptmasse nach aus den Pedunculi cerebri bestehend, ist gut entwickelt und engt den Ventriculus tertius auf einen noch kaum merklichen Spalt ein. Die ihm seitlich aufsitzenden Lobi laterales (Taf. 5, Fig. 1; Taf. 6, Fig. 10 Ll) halten in Grösse den inferiores (Taf. 5, Fig. 1, 3; Taf. 6, 10, 14 Li) das Gleichgewicht. Querschnittbilder sprechen eher für enge Zusammengehörigkeit der beiden, wenngleich das Aeussere — sie sind schärfer voneinander abgegrenzt als bei den vorhergehenden Fischen — mehr auf ihre Selbständigkeit schliessen lässt.

Der *Hypothalamus* steht an Volumen dem Thalamus nicht nach. Waren es jedoch bei *Mixonus* die Lobi inferiores, die an seiner Zusammensetzung den Hauptanteil hatten, so ist es hier der Saccus vasculosus (Taf. 5, Fig. 1, 3; Taf. 6, Fig. 10, 14 Sac). Seine vordere Grenze, die in der Regel durch das Chiasma Nervorum opticorum gegeben ist, wird hier durch eine solch unscheinbare Anschwellung des Infundibularteiles angedeutet, dass man seine Not damit hat, sie überhaupt zu erkennen, dazumal auch die Sehnerven äusserst zart sind. Deutlicher setzt der *Hypophysenstiel* (Taf. 5, Fig. 1, 3; Taf. 6, Fig. 13 Hst) gleich hinter dem Chiasma am Infundibulum an; *er ist lang, solid, und von nervösem Charakter.* Die in der Pituitargrube sitzende kleine Hypophyse (Taf. 5, Fig. 1; Taf. 6, Fig. 13 H) wird von Bindegewebe umgeben. Ihr Stiel durchsetzt diese Hülle, sowie auch ihre periphere Zone und löst sich im Inneren in zahlreiche Fasern auf (Taf. 6, Fig. 13).

Der Ventriculus tertius erweitert sich im Infundibulum zu einer Höhlung mit glatten Wänden, die nur drei Divertikel aufweist: die ersten zwei gehen in die Lobi inferiores, der dritte setzt sich in den Saccus vasculosus fort. Ich habe bereits oben die gewaltige Grösse dieses Zwischenhirnteiles erwähnt; die beste Vorstellung von ihr gewinnt man beim Anblicke des Gehirnes von unten (Taf. 5, Fig. 3); es fehlt gar nich viel, so verdeckt er, wie es bei Leucicorus der Fall ist, die über ihm gelagerten Teile des Gehirns, zu denen auch der breiteste, das Tectum opticum, gehört.

## DAS MITTELHIRN.

**Taf. 5, Fig. 1 MH**

Ich bin überzeugt, dass mich diese Gehirnpartie von *Bassozetus*, wenn ich nicht entkalkt, sondern die Schädeldecke geöffnet hätte, ebenso überrascht hätte, wie es bei *Leucicorus* der Fall war. Wenn auch das Tectum opticum hier (Taf. 5, Fig. 1, 2, 3; Taf. 6, Fig. 10, 14 Lop) um ein weniges höher und differenzierter erscheint, ist es doch nicht das den Fischen typische. Seine Hirnmasse besitzt nur mässige Dicke, ist hinten unvollkommen, auf eine dünne Membran reduziert, was nicht ausser acht zu lassen ist, da, wie ich schon oben bemerkte, auch die Sehnerven von einer unvergleichlichen Zartheit sind. Die schwach konvexe Wölbung der Loben bringt es auch mit sich, dass die äussere mediane Längsfurche sehr seicht ist. Der unter ihr innerhalb des intralobulären Hohlraumes verlaufende *Torus longitudinalis* (Taf. 6, Fig. 10 Tol) *ist auch unansehnlich.* Er besteht aus zwei Wülsten. Die Pedunculi cerebri erreichen die Medianebene bei weitem nicht, und lassen auf diese Weise viel Raum für die Längsfurche im Boden des Hohlraumes (Taf. 6, Fig. 14 Lf). Sie ist breit und bleibt auch unter der Valvula cerebelli, im Aquaeductus Sylvii erhalten, bis sie in der Gegend der Tori semicirculares verschwindet. Diese letzten (Taf. 5, Fig. 1; Taf. 6, Fig. 14 Tse) sind leicht als das, was sie *Mayser* (1882, S. 271) mit Recht nennt, nämlich "partielle Verdickungen der Basis und der hinteren Seitenwand des Mittelhirns in seinen hinteren Abschnitten" zu erkennen. Sie umgreifen die Valvula cerebelli nahezu vollkommen, treten auch ein wenig frei hervor, dazumal die Lobi optici nicht hinreichen, um sie zu decken.

## DAS HINTERHIRN

**Taf. 5, Fig. 1, 2 HH**

ist ein Cerebellum trilobatum, bestehend aus dem unpaaren Stammteil (Taf. 3, Fig. 1, 2; Taf. 6, Fig. 15 Ctr) und den paarigen Seitenwülsten (Taf. 5, Fig. 1, 2, 3; Taf. 6, Fig. 15 Tl). Beide Teile sind ungefähr gleich stark entwickelt und äusserlich von einander zu unterscheiden.

Der *Stammteil* wölbt sich rostralwärts vor, caudalwärts verschmälert er sich unbedeutend, senkt sich aber nicht wie sonst in die Tiefe, sondern ragt frei hervor. *Eigentümlich fand ich die daselbst befindliche Höhlung* (Taf. 6, Fig. 15 Cav).

Die *Seitenwülste* weisen nichts besonders Erwähnenswertes auf.

Die vom Stammteil nach innen entspringende *Valvula cerebelli* (Taf. 6, Fig. 14 Valc) ist gross. Vorne ragt ein schmaler Spalt zwischen ihre symmetrischen Hälften hinein und würde sie vollkommen voneinander trennen, wenn nicht eine schmale Verbindung im dorsalen Teil bestünde.

### DAS NACHHIRN

**Taf. 5, Fig. 1, 2, 3; Taf. 6, Fig. 17 NH**

zeichnet sich wie bei allen Fischen durch seine Länge aus. Dem basalen Teile liegen dorsal die *Lobi posteriores* (Taf. 5, Fig. 1, 2; Taf. 6, Fig. 15, 16 Lpo) an. Sie zeigen insofern ein von den bis jetzt untersuchten Tiefseeteleostiern abweichendes Verhalten, als sie vorn *nicht* das Hinterende des Kleinhirnstammteiles zwischen sich aufnehmen, da jenes bei der schon erwähnten Lage mit ihnen gar nicht in Berührung kommt. Sie sind hier weit auseinander gerückt. Nach hinten kommen sie einander näher, bis sie total verschmelzen. Von da an beginnt auch ihre mächtige Hirnmasse, die in der ganzen Länge ein seichtes "Thal" aufweist, einen Wulst gegen den basalen Teil der Medulla vorzutreiben. Ganz hinten trennen sich die Lobi posteriores abermals und lassen in die Tiefe der Rautengrube hineinblicken. Im Boden der letzten gewahrt man zwei Wülste, die sich an mikroskopischen Präparaten als *Lobi vagales* erweisen (Taf. 6, Fig. 17 Lv). Sie rücken allmählich aus der Tiefe hervor, bis sie die Oberfläche erreichen, *ohne sich aber über sie zu erheben.*

## Zusammenfassung.

Wenn ich nun die von mir an dem Gehirne der drei Tiefseefische Leucicorus lusciosus, Mixonus caudalis, und Bassozetus nasus gemachten Befunde überblicke, so ergibt sich folgendes: Alle drei Gehirne zeigen Formen, die vom Physostomentypus abweichen. Dies gibt sich einesteils darin kund, dass die Vorder- und Zwischenhirnteile eine vollkommene, normale Entfaltung nicht erreichen, obgleich ihnen hiezu in dem langgestreckten und geräumigen Cranium genug Platz geboten wird; so geht den Lobi optici, laterales und inferiores überall die gewohnte lobuläre Ausbildung ab. Die mächtigen Labyrinthe zu den Seiten der Medulla oblongata verursachen weniger die Zusammenschiebung der Hinterhirnteile, als die der Ursprungstellen der Nerven. Alle drei Gehirne haben langgestielte Hypophysen; die Lobi vagales sind so gut wie nicht entwickelt.

Im besonderen ist an Leucicorus erwähnenswert: Die Tracti und die Bulbi olfactorii gehen stark auseinander. Die dorsalen Teile der Corpora striata sind so gross, dass sie seitlich über die basalen herüberhängen. Der ungewöhnlich hoch ausgebildete Plexus chorioideus füllt den Ventriculus tertius und communis nahezu vollkommen aus. Trotz der Grösse der Augen sind die Nervi optici nur unscheinbar, das Tectum opticum auf eine niedrige, flache Hirnplatte reduziert. Die Seitenwülste des Kleinhirns hängen mit den Lobi posteriores zusammen, so dass die letzteren als direkte Fortsetzung der ersteren nach hinten erscheinen.

Mixonus caudalis zeigt trotz starker Riechnerven verhältnismässig kleine Bulbi olfactorii. In den Corpora striata ist abweichend von der Regel der basale Teil der breitere und grössere, der dorsale dagegen nur ein niedriger Wulst. Das Chiasma Nervorum opticorum zieht als breite Nervenplatte unter dem Vorderhirn bis an das Vorderende der Streifenhügel, wo erst die Auflösung in die beiden Sehnerven erfolgt. Das Parapinealorgan ist solid. Pineal- und Parapinealorgan verlaufen nebeneinander. Der Thalamus ist so stark entwickelt, dass er die Ganglia habenulae in ihrem rückwärtigen Teile ganz umschliesst. Die Lobi laterales sind hier sicherlich nicht selbständige Bildungen, sondern differenzierte dorsale Teile der Lobi inferiores.

Bassozetus nasus weicht insofern von dem reinen Salmonidentypus im Vorderhirn ab, als die Bulbi olfactorii dorsal miteinander verschmelzen. Das Pinealorgan ist ein echt nervöses Organ, das mit einer Drüse nicht die geringste Uebereinstimmung hat. Es zeigt in seinem Inneren keinen Hohlraum. Zwei symmetrische Pinealnerven sind hier vorhanden. Die niedrigen Lobi optici erheben sich nur wenig über das Zwischenhirn.

Ich habe alle diese Besonderheiten leichterer Uebersicht halber hier zusammengestellt. Ihre Anzahl ist eine ziemlich grosse und zeigt zugleich, dass weitere Forschungen am Tiefseeteleostiergehirn nicht erfolglos sein dürften. Es wird noch grösserer Tierreihen bedürfen, um die einzelnen Resultate verallgemeinern und von Folgen der Anpassung an das Leben in der Tiefsee sprechen zu können. Jetzt wären derlei Schlüsse vorzeitig.

## LITERATURVERZEICHNIS.


1883. Ahlborn, F., Untersuchungen über das Gehirn bei Petromyzonten. Zeitschr. f. wiss. Zool. Bd. XXXIX.

1884. ——— Ueber die Bedeutung der Zirbeldrüse. Ibid. Bd. XL.

1813. Arsaky, A., De piscium cerebro et Medulla spinali.

1887. Beard, J., The parietal eye in fishes. Nature, July 14.

1902. Brauer, A., Ueber den Bau der Augen einiger Tiefseefische. Verh. d. deutsch. Zool. Ges.

1774. Camper, Mémoires de mathematique. Tome IV. Paris.

1890. Carrière, Neuere Untersuchungen über das Parietalorgan. Biolog. Zentralbl. Bd. IX.

1882. Cattie, J., Recherches sur la gland pinéale (Epiphysis cerebri) des Plagiostimes, des Ganoides et des Teléostéens. Archiv. d. Biolog. Vol. III.

1883. ——— Ueber das Gewebe der Epiphyse von Plagiostomen, Ganoiden und Teleostiern. Zeitschr. f. wiss. Zool. Bd. XXXIX.

1828. Cuvier, G., et Valenciennes, A., Histoire naturelle des poisson. Tome I. Paris.

1892. Edinger, L., Zwölf Vorlesungen über den Bau der nervösen Zentralorgane. 5. Aufl. Leipzig.

1904. ——— Vorlesungen über den Bau der nervösen Zentralorgane des Menschen und der Tiere. 6. Aufl. Leipzig.

1878. Ehlers, E., Die Epiphyse am Gehirn der Plagiostomen. Zeitschr. f. wiss. Zool. Bd. XXX, Suppl.

1878. Fritsch, G., Untersuchungen über den feineren Bau des Fischgehirns. Berlin.

1899. Garman, S., Reports on an Exploration off the West Coasts of Mexico, etc. XXVI. The Fishes: Mem. Mus. Comp. Zoöl. Harvard College, Vol. XXIV.

1898. Gaupp, E., Zirbel, Parietalorgan und Paraphysis. Ergebnisse der Anatomie und Entwicklungsgeschichte. Bd. VII.

1904. Gierse, A., Untersuchungen über das Gehirn und die Kopfnerven von Cyclothone acclinidens. Morph. Jbch. Bd. XXXII.

1888. Goronowitsch, N., Das Gehirn und die Cranialnerven von Acipenser ruthenus. Morph. Jbch. Bd. X.

1835. Gottsche, M., Vergleichende Anatomie des Gehirns der Grätenfische. Müller's Archiv.

1886. Günther, A., Handbuch der Ichthyologie. Wien.

1898. Haller, B., Untersuchungen über die Hypophyse und die Infundibularorgane. Morph. Jbch. Bd. XXV.

1898a. ——— Vom Bau des Wirbeltiergehirns. Morph. Jbch. Bd. XXVI.

1901. Handrick, K., Zur Kenntnis des Nervensystems und der Leuchtorgane von Argyropelecus hemigymnus. Zoologica, Bd. XIII., 32. Heft., 1. Lief.

1891. Hill, Ch., Development of the epiphysis in Coregonus albus. Journal of Morph. Vol. V.

1894. ——— The epiphysis of Teleosts and Amia. Ibid. Vol. IX.

1850. Klaatsch, H., De cerebris piscium ostacanthorum aquas nostras incolentium. Dissertatio. Halis Saxonum. 1850.

1893. Klinckowström, A. von, Beiträge zur Kenntnis des Parietalauges. Zool. Jbch. Bd. VII, Abt. f. Anat. u. Ontog. der Tiere.

1893a. ——— Die Zirbel und das Foramen bei Callichthys (asper und littoralis). Anat. Anz. Bd. VIII. Jena.

1891. Malme, G., Studien über das Gehirn der Knochenfische. Bihang Till K. Svenska Vet. Akad. Hadlingar. Bd. XVII, Afd. IV, Nro. 3.

1864. Mayer, F., Ueber den Bau des Gehirns der Fische in Beziehung auf eine darauf gegründete Einteilung dieser Tierklasse. Verh. d. kais. Leopoldino-Carolinischen deutsch. Akad. der Naturf. Dresden. Bd. XXX.

1882. Mayser, P., Vergleichend-anatomische Studien über das Gehirn der Knochenfische mit besonderer Berücksichtigung der Cyprinoiden. Ztschft. f. wiss. Zool. Bd. XXXVI.

1888. Owsjánnikow, Ph., Ueber das dritte Auge bei Petromyzon fluviatilis nebst einigen Bemerkungen über dasselbe Organ bei anderen Tieren. Mem. de l'Acad. imper. des sciences de Petersbourg. VII. Serie, Tom. XXXVI.

1882. Rabl-Rückhard, H., Zur Deutung und Entwickelung des Gehirns der Knochenfische. Arch. f. Anat. u. Physiolog. Anat. Abt.

1883. ——— Das Grosshirn der Knochenfische und seine Anhangsgebilde. Ibid.

1883–4. ——— Weiteres zur Deutung des Gehirns der Knochenfische. Biol. Zentralbl. Bd. III.

1885. ——— Das Gehirn der Knochenfische. Ibid. Bd. IV.

1886. ——— Zur Deutung der Zirbeldrüse. Zool. Anz. Bd. IX.

1881. Retzius, G., Das Gehörorgan der Wirbeltiere. I. Gehörorgan der Fische und Amphibien. Stockholm.

1884. Sagemehl, M., Beiträge zur vergleichenden Anatomie der Fische. I. Das Cranium von Amia calva. Morph. Jbch. Bd. IX.

1885. ——— Beiträge zur vergleichenden Anatomie der Fische. III. Das Cranium der Characiniden nebst einigen Bemerkungen über die mit einem Weber'schen Apparate versehenen Physostomenfamilien. Ibid. Bd. X.

1891. ——— Dasselbe. IV. Das Cranium der Cyprinoiden. Ibid. Bd. XVII.

1849. Stannius, H., Das peripherische Nervensystem der Fische. Rostock.

1868. Stieda, L., Studien über das zentrale Nervensystem der Knochenfische. Zeitschr. f. wiss. Zool. Bd. XVIII.

1873. ——— Ueber die Deutung der einzelnen Teile des Fischgehirnes. Ibid. Bd. XXIII.

1893. Studnicka, F., Sur les organes pariétaux de Petromyzon planeri. Prague.

1893. ——— Zur Morphologie der Parietalorgane der Cranioten. Referat von Vejdovsky im Zool. Zentralbl., Jhg. I.

1894. ——— Zur Lösung einiger Fragen aus der Morphologie des Vorderhirns der Cranioten. Anat. Anz., Jhg. 9.

1899. ——— XXXVII. Ueber den feineren Bau der Parietalorgane von Petromyzon marinus L. Sitzungsber. d. kgl. böhm. Ges. d. Wiss. Math. naturwiss. Klasse. Prag.

1832. Treviranus, Die Erscheinungen und Gesetze des organischen Lebens.

1898. Wiedersheim, R., Lehrbuch der vergleichenden Anatomie der Wirbeltiere.

1902. ——— Vergleichende Anatomie der Wirbeltiere. 5. Aufl. Jena.

# TAFELERKLÄRUNG.

## IN ALLEN FIGUREN AUF TAFEL 1–6 BEDEUTEN:

A S . . . Aquaeductus Sylvii.
B . . . . . Blutgefäss.
B d . . . Bindegewebe.
Bol . . . . Bulbi olfactorii.
Ca . . . . Commissura anterior.
Cav . . . Hohlraum.
Com . . . Kommissur.
Cs . . . . Corpora striata.
Ctr . . . . Stammteil des Kleinhirns.
E . . . . . Pinealorgan.
En . . . . Pinealnerven.
Est . . . . Stiel des Pinealorgans.
E'st . . . Stiel des Parapinealorgans.
F . . . . . Furche.
G . . . . . Ganglienzellen.
Gh . . . . Ganglia habenulae.
H . . . . Hypophyse.
Hst . . . Hypophysenstiel.
Ch . . . . Chiasma nervorum opticorum.
ch . . . . Chiasma der Blutgefässe.
J . . . . . Infundibulum.
Jh . . . . Infundibularhöhle.
Lf . . . . Longitudinalfurche.
Li . . . . Lobi inferiores.
Ll . . . . Lobi laterales.
Lop . . . Lobi optici.
Lpo . . . Lobi posteriores.
Lv . . . . Lobi vagales.
MH . . . Mittelhirn.
NH . . . Nachhirn.
P . . . . . Parapinealorgan.
Pa . . . . Pallium.
Plch . . . Plexus chorioideus.
Sac . . . Saccus vasculosus.
sac . . . . Sacculus.
T . . . . . Thalamus.
Tl . . . . Seitenwülste des Kleinhirns.
Tol . . . . Torus longitudinalis.
Trol . . . Tracti olfactorii.
Tse . . . . Tori semicirculares.
Valc . . . Valvula cerebelli.
VH . . . Vorderhirn.
Vc . . . . Ventriculus communis.
V . . . . . Ventriculus tertius.
V . . . . . Ventriculus quartus.
Z . . . . . Zentrale Zone des Pinealorgans.
z . . . . . Periphere Zone des Pinealorgans.
ZH . . . . Zwischenhirn.
I . . . . . Nervus olfactorius.
II . . . . Nervus opticus.
V . . . . . Nervus trigeminus.
VII . . . Nervus facialis.
VIII . . . Nervus accusticus.
X . . . . Nervus vagus.

**Tafel 1.**

## Tafel 1.

### Leucicorus lusciosus.

Fig. 1. Totalansicht des Gehirnes von oben. Vergr. 2fach.
Fig. 2. Totalansicht des Gehirnes von unten. Vergr. 2fach.
Fig. 3. Totalansicht des Gehirnes von der Seite. Vergr. 2fach.
Fig. 4. Querschnitt an der Grenze von Vorder- und Zwischenhirn. Vergr. 30fach.
Fig. 5. Querschnitt durch die Corpora striata. Vergr. 30fach.
Fig. 6. Querschnitt durch das Zwischenhirn vorne. Vergr. 30fach.
Fig. 7. Querschnitt durch das Zwischenhirn in der Mitte. Vergr. 30fach.
Fig. 8. Grosser Otolith aus dem Sacculus a ) von innen b ) von aussen c ) von oben Vergr. $1\frac{3}{4}$.

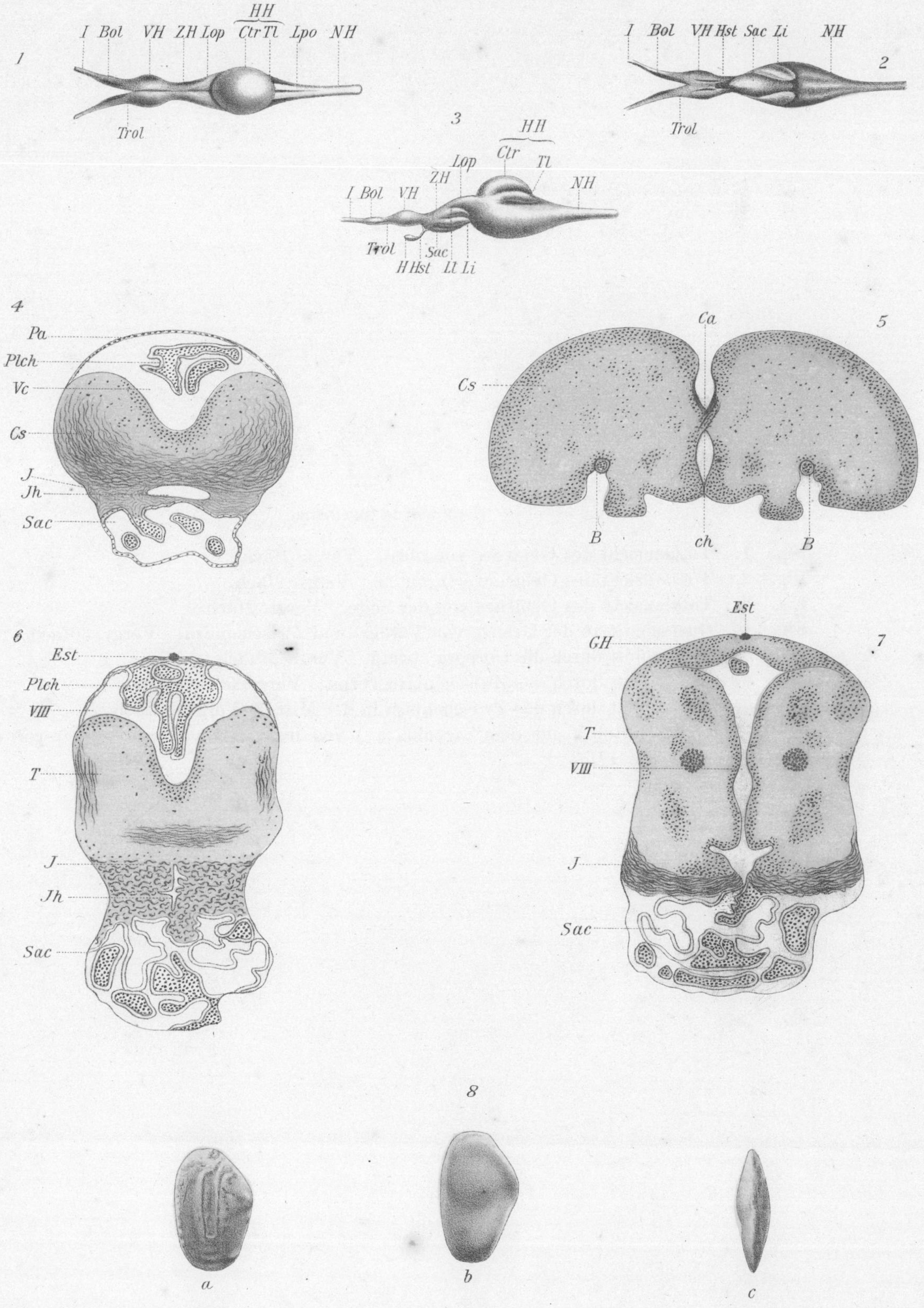


B. Meisel lith. Boston.

LEUCICORUS LUSCIOSUS Garman.

**Tafel 2.**

## Tafel 2.

Leucicorus lusciosus.

Fig. 9. Querschnitt durch das Zwischenhirn hinten. Vergr. 20fach
Fig. 10. Querschnitt durch das Mittelhirn. Vergr. 20fach.
Fig. 11. Querschnitt durch das Hinterhirn. Vergr. 20fach.
Fig. 12. Querschnitt durch das Mittelhirn (hintere Partie). Vergr. 20fach.
Fig. 13. Querschnitt durch das Nachhirn. Vergr. 20fach.

9

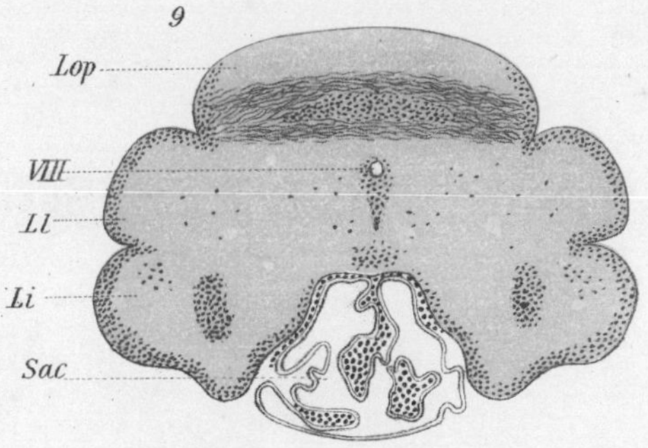


10

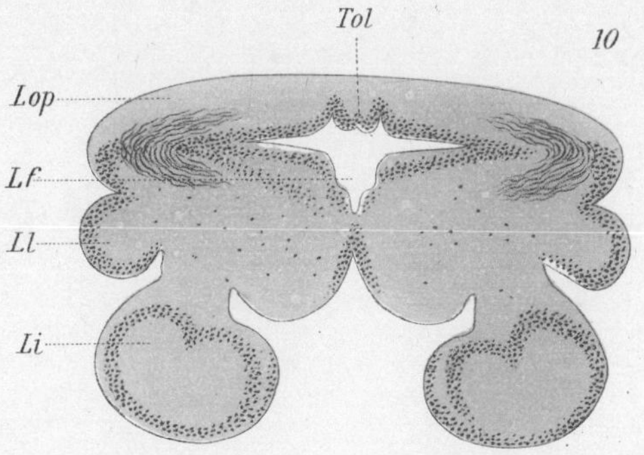


11

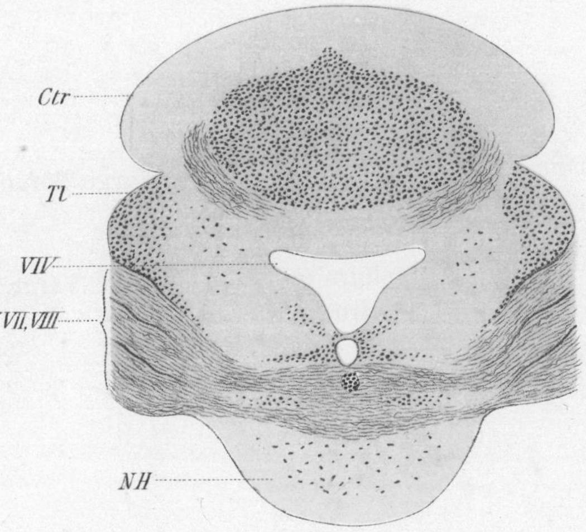


12

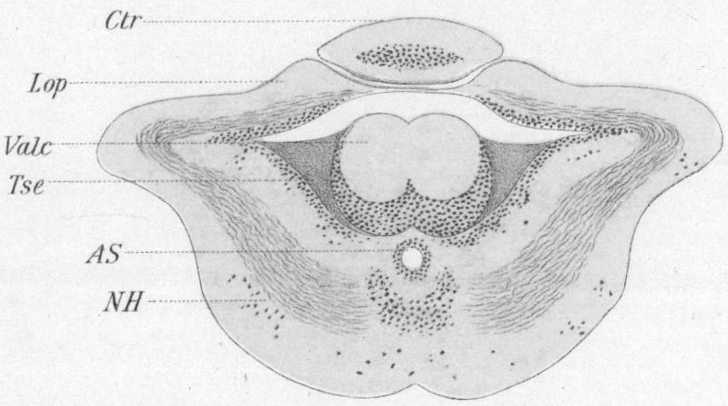


13

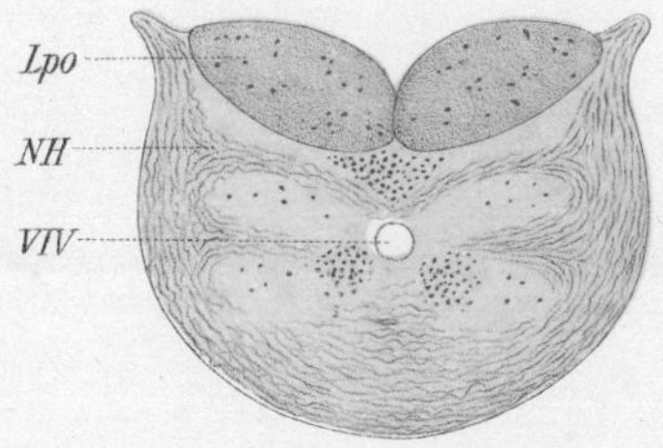


B. Meisel lith. Boston.

LEUCICORUS LUSCIOSUS Garman.

**Tafel 3.**

## Tafel 3.

Mixonus caudalis.

Fig. 1. Totalansicht des Gehirnes von der Seite. Vergr. 3fach.
Fig. 2. Totalansicht des Gehirnes von oben. Vergr. 3fach.
Fig. 3. Totalansicht des Gehirnes von unten. Vergr. 3fach.
Fig. 4. Querschnitt durch die Tracti olfactorii. Vergr. 30fach
Fig. 5. Querschnitt durch die Bulbi olfactorii. Vergr. 30fach.
Fig. 6. Querschnitt durch die Corpora striata. Vergr. 30fach.
Fig. 7. Grosser Otolith aus dem Sacculus a ) von innen b ) von aussen c ) von oben. Vergr. $1\frac{1}{2}$.

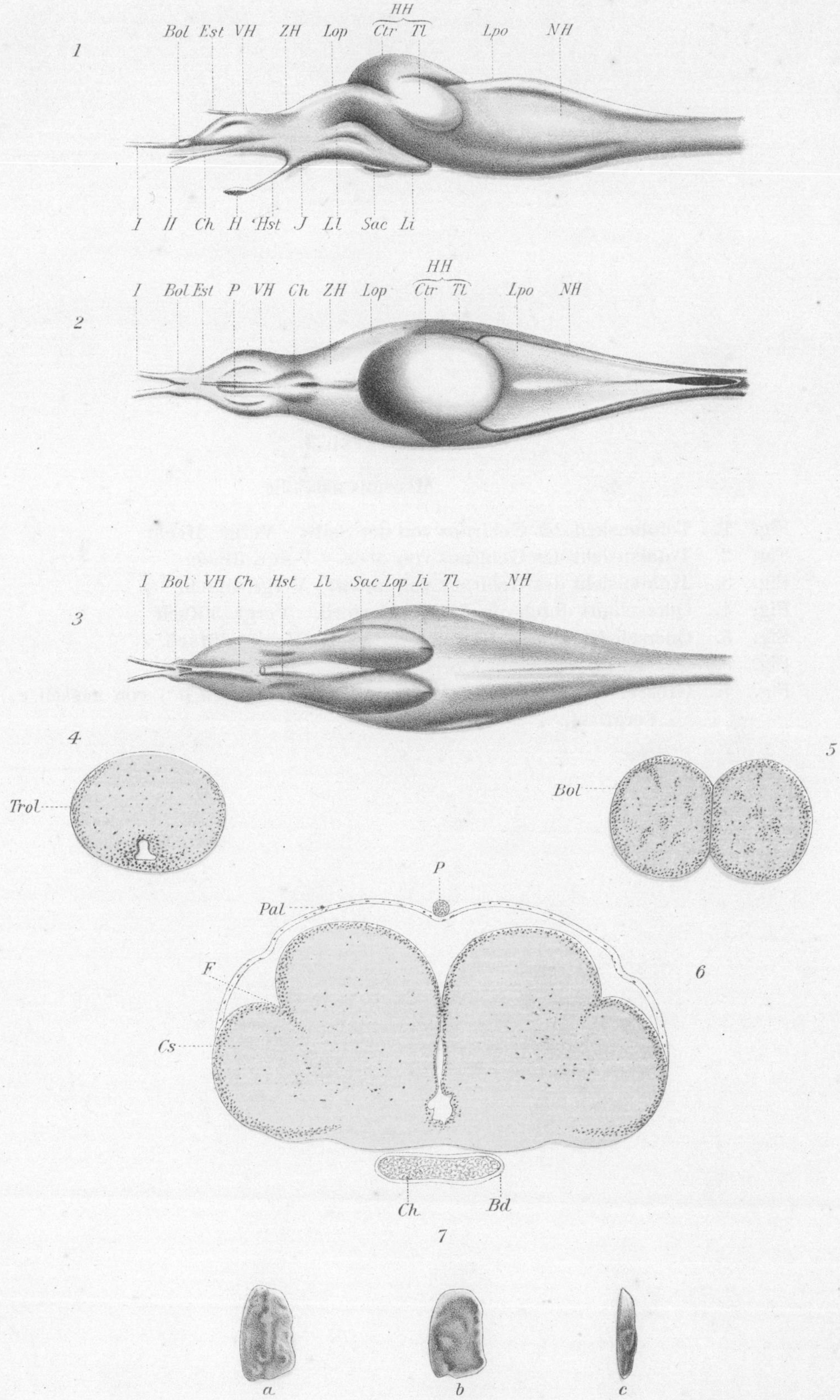


B. Meisel lith. Boston.

MIXONUS CAUDALIS Garman.

**Tafel 4.**

## Tafel 4.

Mixonus caudalis.

Fig. 8. Querschnitt durch das Zwischenhirn vorne. Vergr. 30fach.
Fig. 9. Querschnitt durch das Zwischenhirn in der Mitte. Vergr. 15fach.
Fig. 10. Querschnitt durch das Zwischenhirn hinten. Vergr. 15fach.
Fig. 11. Querschnitt durch das Mittelhirn vorne. Vergr. 15fach.
Fig. 12. Querschnitt durch das Hinterhirn vorne. Vergr. 15fach.
Fig. 13. Querschnitt durch das Hinterhirn hinten. Vergr. 15fach.

8

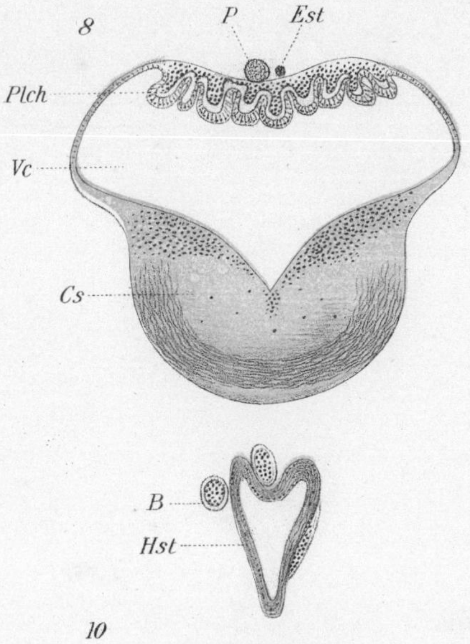


9

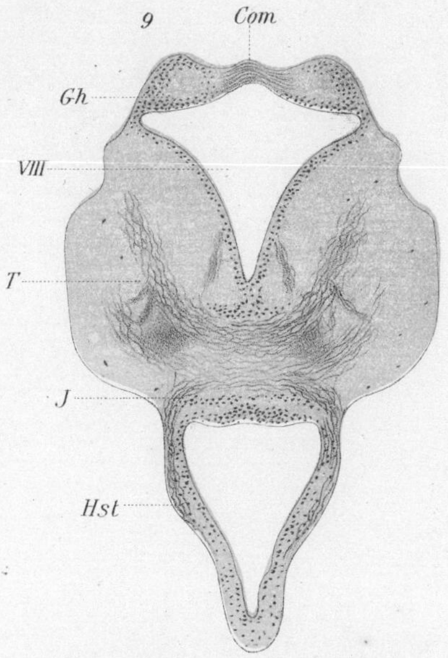


10

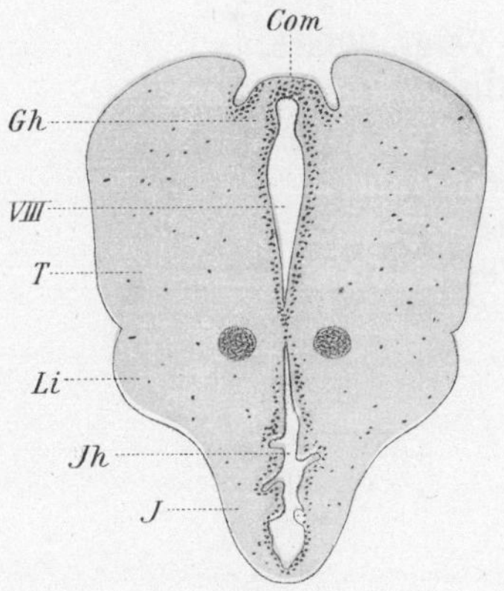


11

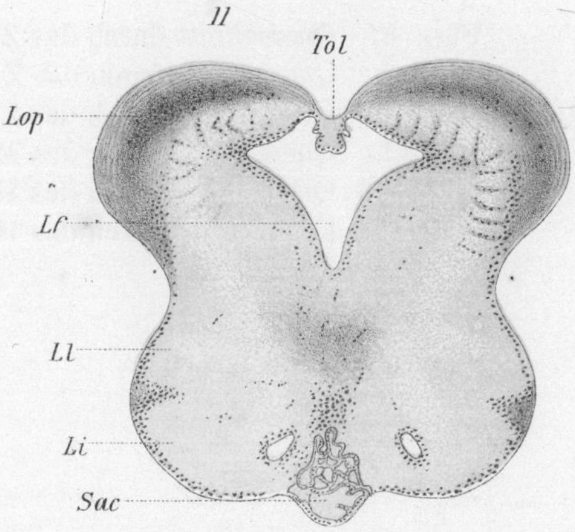


12

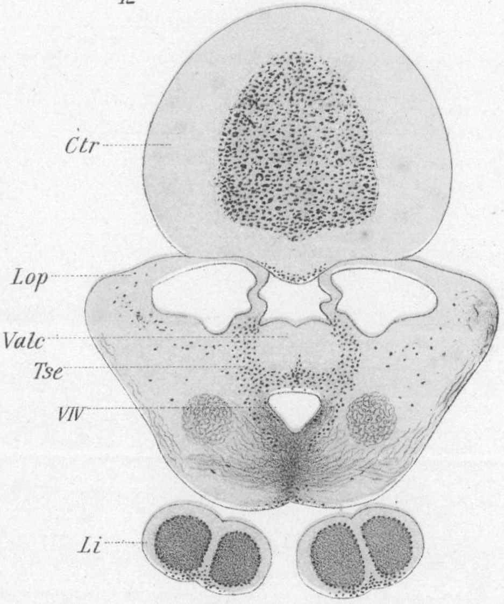


13

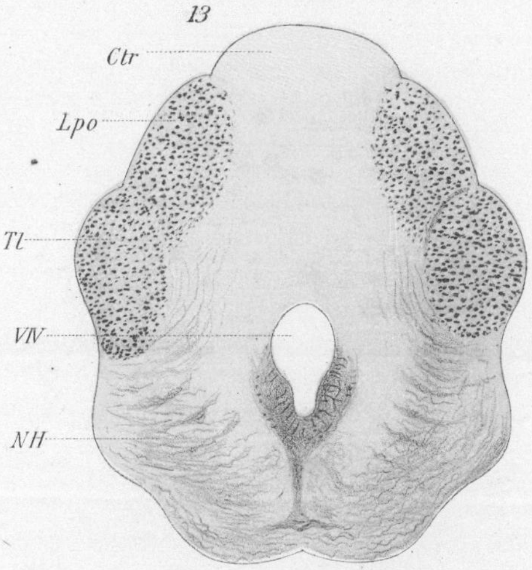


B. Meisel lith. Boston.

MIXONUS CAUDALIS Garman.

## Tafel 5.

## Tafel 5.

Bassozetus nasus.

Fig. 1. Totalansicht des Gehirnes von der Seite. Vergr. 8fach.
Fig. 2. Totalansicht des Gehirnes von oben. Vergr. 8fach.
Fig. 3. Totalansicht des Gehirnes von unten. Vergr. 8fach.
Fig. 4. Querschnitt durch das Parapinealorgan. Vergr. 520fach.
Fig. 5. Querschnitt durch die Bulbi olfactorii. Vergr. 20fach.
Fig. 6. Querschnitt durch die Corpora striata. Vergr. 20fach.
Fig. 7. Querschnitt durch die Ursprungsstellen des Pinealapparates. Vergr. 260fach.
Fig. 8. Querschnitt durch das Cranium. Vergr. 4fach.

1

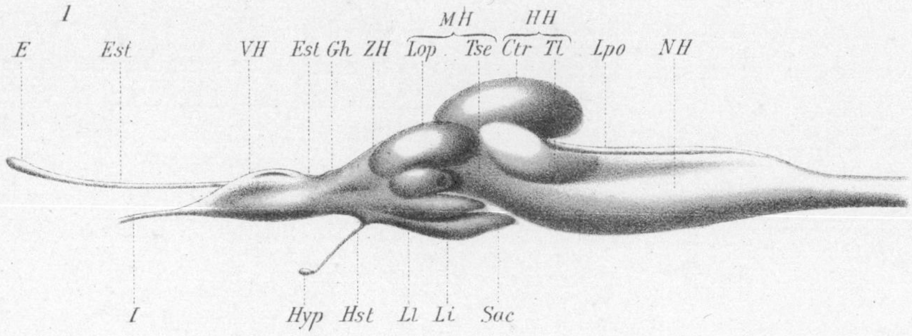


2

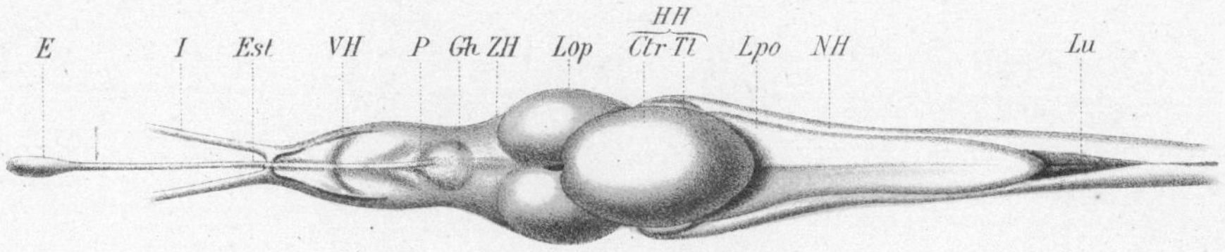


3

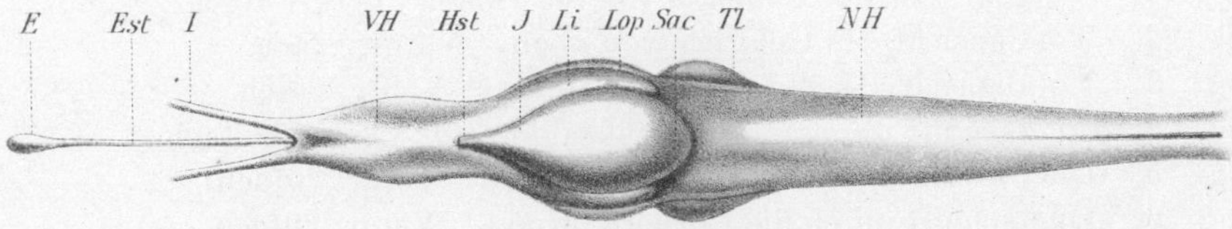


4

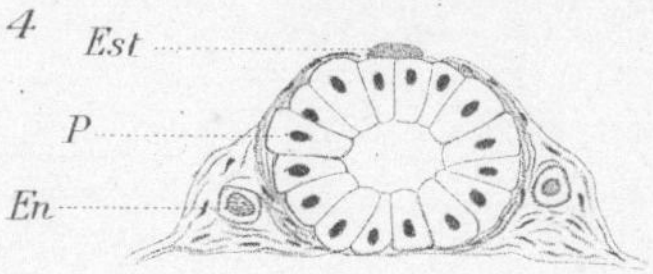


5

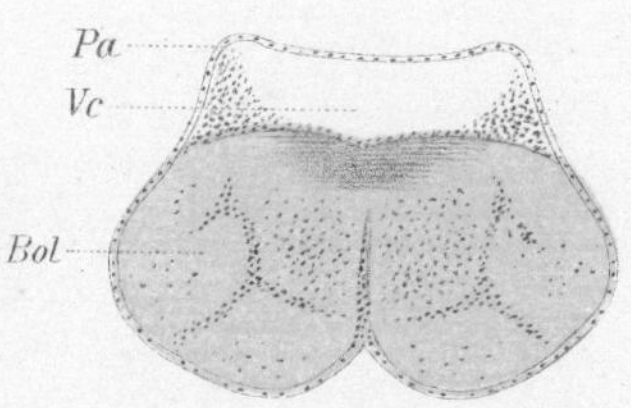


6

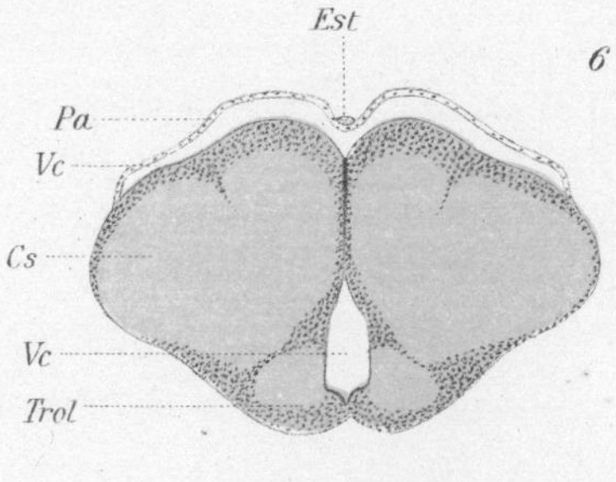


7

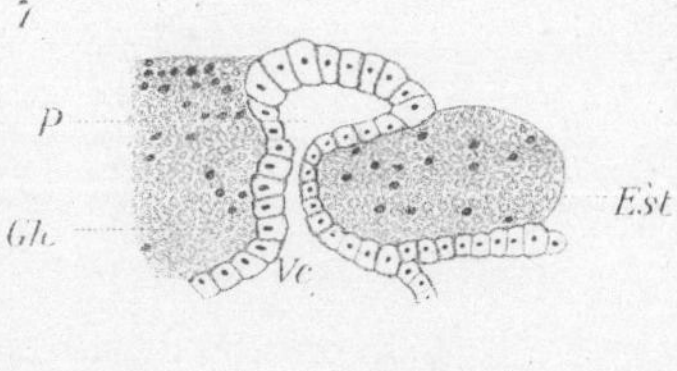


8

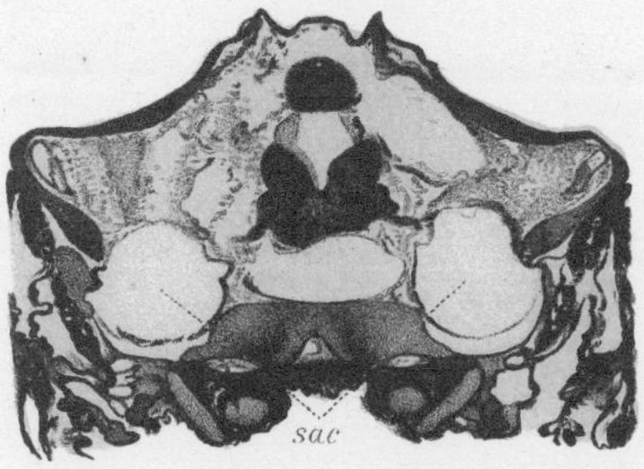


B. Meisel lith. Boston.

BASSOZETUS NASUS Garman.

**Tafel 6.**

## Tafel 6.

Bassozetus nasus.

Fig. 9. Querschnitt durch das Zwischenhirn. Vergr. 30fach.
Fig. 10. Querschnitt durch das Mittelhirn vorne. Vergr. 20fach.
Fig. 11. Querschnitt durch das Pinealorgan. Vergr. 50fach.
Fig. 12. Ein Teil des in Fig. 10 dargestellten Querschnittes. Vergr. 300fach.
Fig. 13. Querschnitt durch die Hypophyse. Vergr. 30fach.
Fig. 14. Querschnitt durch das Mittelhirn hinten. Vergr. 20fach.
Fig. 15. Querschnitt durch das Hinterhirn. Vergr. 20fach.
Fig. 16. Querschnitt durch das Nachhirn vorne. Vergr. 15fach.
Fig. 17. Querschnitt durch das Nachhirn hinten. Verg. 30fach.

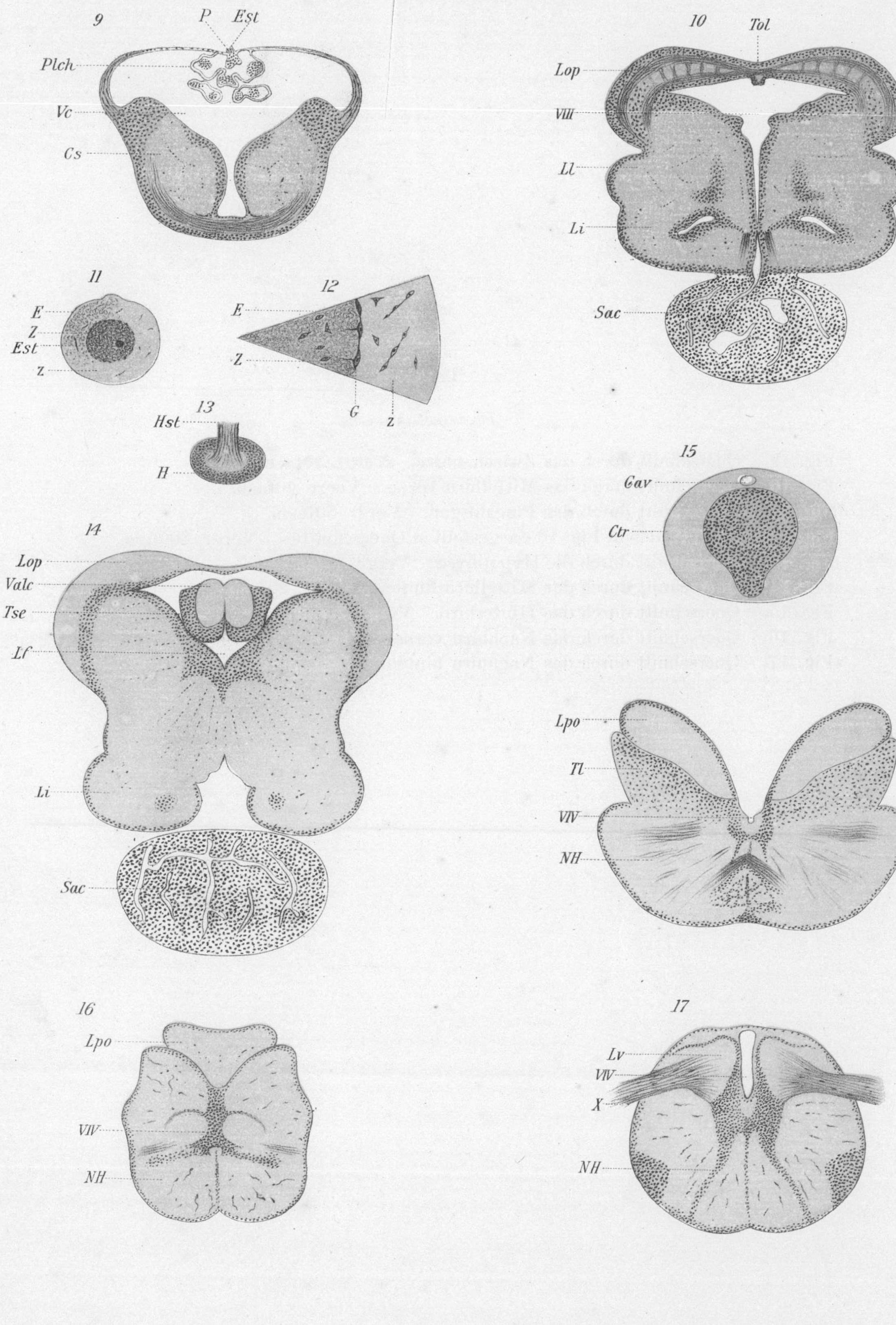


B. Meisel lith. Boston.

BASSOZETUS NASUS Garman.

Memoirs of the Museum of Comparative Zoölogy
AT HARVARD COLLEGE.
VOL. XXX. No. 3.

REPORTS ON AN EXPLORATION OFF THE WEST COASTS OF MEXICO, CENTRAL AND SOUTH AMERICA, AND OFF THE GALAPAGOS ISLANDS, IN CHARGE OF ALEXANDER AGASSIZ, BY THE U. S. FISH COMMISSION STEAMER "ALBATROSS," DURING 1891, LIEUT. COMMANDER Z. L. TANNER, U. S. N., COMMANDING.

XXXVI.

# EIN BEITRAG ZUR MORPHOLOGIE DES TIEFSEEFISCHGEHIRNES.

VON EMANUEL TROJAN.

MIT SECHS TAFELN.

[Published by Permission of MARSHALL McDONALD and GEORGE M. BOWERS, U. S. Commissioners of Fish and Fisheries.]

CAMBRIDGE, U. S. A.:
Printed for the Museum.
OCTOBER, 1906.